在不如意的人生里奋起直追

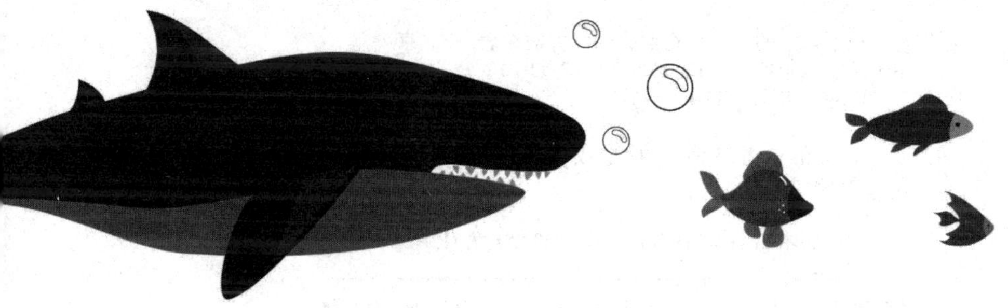

海波…编著

中国纺织出版社

内 容 提 要

很多年轻人因为初入社会感到迷茫和力不从心，此时正需要前人的指点和引导。本书就是要为这样的年轻人汇集各界有识之士的成功格言和为人处世的座右铭，帮助他们增长学识、坚定信念、丰富阅历，用正确的思想指导现实的行为，最终找到属于自己人生的成功之路。

图书在版编目（CIP）数据

在不如意的人生里奋起直追 / 海波编著. —北京：中国纺织出版社，2017. 12（2025.3重印）
ISBN 978-7-5180-4475-7

Ⅰ.①在… Ⅱ.①海… Ⅲ.①成功心理—通俗读物
Ⅳ.①B848. 4-49

中国版本图书馆CIP数据核字（2017）第313679号

责任编辑：闫星　　特约编辑：王佳新　　责任印制：储志伟

中国纺织出版社出版发行
地址：北京市朝阳区百子湾东里 A407 号楼　邮政编码：100124
销售电话：010 — 67004422　传真：010 — 87155801
http: //www.c-textilep. com
E-mail: faxing@c-textilep.com
中国纺织出版社天猫旗舰店
官方微博 http://weibo.com/2119887771
三河市金兆印刷装订有限公司印刷　各地新华书店经销
2017年12月第1版　2025年3月第5次印刷
开本：710 × 1000　1/16　印张：13
字数：207千字　定价：69.80元

凡购本书，如有缺页、倒页、脱页，由本社图书营销中心调换

前　言

很少有人天生智计过人，轻而易举就能成功。一个人最终的成功，往往并不是看他有多少智慧，而是看他能使用多少智慧。一个人的精力和阅历毕竟有限，想要在有限的时间里获取无限的生活经验和生存技巧，必然就要向成功者和前辈先人们学习。

在这个信息化的社会里，向更值得我们学习的人学习，这才是学习的王道。那些前人总结出来的经验与教训，才是我们最值得刻在桌上的座右铭。每一句座右铭都包含着一个故事，而那些浓缩着人类智慧的故事，犹如一面折射人性光辉的多棱镜，又像一盏启明灯，给人以智慧、快乐的启迪。

据古书记载，攲（qī）器是一种奇特的盛水的器皿，空着的时候往一边斜，装了中等数量的水则稳稳当当地直立起来，装满了水则自动向另一侧翻倒。这种攲器给人以不能自满，自满就要翻跟头的启迪。

有一次，孔子带着学生到庙里来朝拜，见到这种器皿，觉得很奇怪，于是就向庙里管香火的人打听。管香火的人告诉他，这是攲器。于是孔子想起了有关齐桓公的故事。他指着攲器对学生们说：“攲器空着的时候就倾斜，把水倒进去，到一半的时候就直立起来，装满了就又会倾斜。所以过去君主总是把攲器放在他座位的右侧，用来警戒自己决不可以骄傲自满。自满就会像攲器里装满了水，必然要倾斜倒覆。”说完，他就让学生取来水倒进攲器。果然一切正如孔子所说的一样。孔子又对学生说：“读书也是一样，谦受益，满招损。你们一定要牢牢记住。”回到家里，孔子也请人做了个攲器放在座位的右侧，用来提醒自己活到老，学到老，永不满足。南北朝时，著名科学家祖冲之也曾为齐武帝的儿子萧子良做过一个攲器。

可能是后来这种攲器失传了，也可能是后人感到用文字更能准确表达自己的思想，于是，攲器被铭文所代替，放在自己座位旁。书房里的铭文也并不都是训诫性文字，还包括许多格言、警句。

这就是座右铭的由来，指的是古人写出来放在座位右边的格言，后来泛指人们激励、警戒自己，作为行动指南的格言。在古今中外的历史上，许多名人都有自己的座右铭，那些所谓的成功人士几乎都有自己的人生格言——座右铭。

通过这些本书所收集的座右铭，可以让我们拥有良好的人际关系，能够与身边的人友好相处。何谓“为人处世”？即做人、与人相处。“为人处世”需要具备这三种能力：如何做人，这在一定程度上决定了一个人的成长与成功，在自己身上烙下谦虚、友爱、善良、感恩等印记，那么他无疑达到了做人的最高境界；如何认识他人，交际不仅要识己，更要识人，通过各种细节来解读对方的心理，把握其真实的想法，进而确定自己的交际尺度；善于交际，对我们来说，应该正确对待生活中遇到的各种矛盾，正确地与人相处，处理好与他人的关系，这样就能够在未来的道路上避免挫折，最后走向成功。

本书收集了众多座右铭，每一句座右铭都阐述了一个小故事，与读者朋友们谈尊重、谈分享、谈独立、谈宽恕、谈取舍、谈忍耐、谈关怀等生活中所需要的宝贵品质，教会大家懂得如何为人处世，快乐健康地走向未来。本书通过对座右铭的阐述，用生动的语言诉说善良、勇敢、正直等美好的品德，让读者在阅读的过程中，感受到人生应具有的真善美品质，激励完善自己的人格。

编著者

2017年8月

目　录

第 1 章

成为自己想成为的人，让人生不走下坡路

学做人是一生的修炼。一句好的座右铭能帮助你了解做人的智慧，陪伴你走向成功。揭示做人智慧的座右铭犹如前方高悬的明灯，照亮我们通往未来的道路，它能够时刻激励我们，让我们心胸豁达、思维开阔，广受周围人的欢迎和尊重，使我们在涉世之初便能如鱼得水，如沐春风，事业蒸蒸日上、路路皆通。

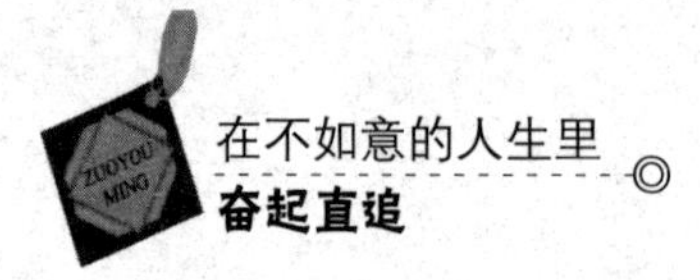

为别人鼓掌的人也是在给自己的生命加油

刚刚踏入社会的我们，尽管缺乏经验，但真诚地为别人鼓掌，并不代表着刻意抬高别人、贬低自己，更不代表着吹嘘拍马，而是恰到好处地对别人进行肯定，让自己时刻保持清醒。真诚地为别人鼓掌，能发现他人值得学习和借鉴的长处，是融化人际关系的一束阳光，也是自己勇于前进的动力。

学会为别人鼓掌，承认别人的成就，才能勇敢地正视自己的不足，从而我找到进步的方向，最终得到别人的掌声和认同。为别人鼓掌，其实就是在为自己鼓掌，为自己的生命加油。

美国总统大选中，克里虽然在竞选中败给了小布什，但他却赢得了人们的尊重，正是因为他能为对手真诚地鼓掌。

小布什与克里在竞选过程中，两人相互争斗、相互指责，一时间烽烟四起。可当选举结果揭晓时，克里当天就打电话给小布什，诚恳地承认在决胜州俄亥俄州选举中失败，并祝贺小布什成功连任。

克里说："不愿看到因选票争端而使国家陷于分裂，希望从今天开始愈合由于选战而裂开的伤口。"小布什也在随后发表的简短演讲中称赞克里是一个令人钦佩的对手，并且在竞选中有着出色表现，这个美好的结局出乎很多人的意料。

在小布什的就职演讲中，克里多次举起双手为布什鼓掌，这让支持克里的人自豪地说："我们没有看错人！"同时，小布什的支持者也认为克里的表现无可挑剔，称克里尽管输掉了大选，却赢得了尊敬。

克里虽败犹荣，以一个智者的形象很体面地告别大选，原因只有一个，他能够为竞争对手真诚地鼓掌，这掌声也是他对自己的鼓励。

对年轻人来说，为别人鼓掌不仅是一种鼓励，更是一种尊重，我们如果想得到别人的尊重，就必须先尊重别人：尊重别人的才智、尊重别人的付出、尊重别人的努力、尊重别人的成果……真诚地为值得尊重的人鼓掌，你也能得到命运的垂青。

几年前，在中央电视台的一个节目中，一家知名企业在举办电视招聘，招聘的岗位是海外经理，待遇和发展前景都非常之好，所以求职者众多，而最后有三位求职者脱颖而出，进入决赛。

三位求职者为这一职位展开了激烈的角逐，场上的三个人都显得很紧张，因为他们不论从专业背景还是各方面能力来看都不相上下，究竟花落谁家真的很难预料。

当时，细心的观众发现，其中一位年轻人表现很特别：当别的竞争对手说到精彩处时，他会很自然地为之鼓掌，引得台下的观众和评委也跟着鼓起掌来。而待所有的考核结束后，那位年轻人中选了，评委和企业代表一致决定把聘书发给这位年轻人，因为他在拥有出众能力的同时，还懂得尊重他人的才华。

懂得为别人鼓掌表示尊重的年轻人，命运也会垂青他，美好前程自然会为其大开绿灯，要知道，人人都可以成为英雄，互尊互重，实现双赢才是智慧人生之道。

俗话说："腹中天地阔，常有渡人船。"生活中的很多事情都告诉我们：初入社会，为别人鼓掌就是为自己加油。

面对还未展开的命运，年轻人难免会浮躁不安、充满悸动，这时，不妨保持一颗"平常心"，不要介意别人比自己强，要多看别人的优点和长处，这样，我们就能经常分享到别人成功的喜悦与经验，并在这些经验中不断增强自己的实力，建立更和谐的人际关系，为自己构建成功的可能，凝聚成功的力量。

座右铭启示

为别人鼓掌是一种大将风度，不带丝毫妒忌，不存半点怀疑，而是充满祝福和肯定；为别人鼓掌是一种无畏的勇气，不害怕失败，不畏惧落后，而是锲而不舍，不断努力；为别人鼓掌是一种积极的心态，真诚地为他人喝彩，将别人的成功视为我们前进的动力，才能激励自己在前进的道路中不断挑战、勇攀高峰，最终听到为自己响起的掌声。

不要问别人为你做了什么，而要问你为别人做了什么

当下的年轻人，生活环境优越，从小就是家人的掌中宝，难免会滋生出以自我为中心、唯我独尊的心态，喜欢被众人宠着、疼着，殊不知，多为别人着想、付出才是为人处事的原则。不论在生活中还是学习中，我们都“不要问别人为你做了什么，而要问你为别人做了什么”，多站在别人的角度为他们想想，这才是年轻人应该掌握的做人智慧，这样你的身边才会充满来自不同地方的朋友，拥有更加丰富多彩的生活。

如果我们想获得别人的信任、支持和帮助，就必须先去替别人着想，并给予他们适当的帮助，至少是做出关心别人的举动。有这样一个真实的故事，告诉了我们这句“黄金”座右铭。

刚满27岁的教师唐俊宁一直将“不要问别人为你做了什么，而要问你为别人做了什么”作为他的座右铭。从他任教以来，他就一直潜心教学，乐于助人。唐俊宁认为助人为乐就是能够从物质上、精神上来关心一切真正需要帮助的人，而不计回报。

起初，唐俊宁在一所偏远小学任教，虽山高路险，但却阻不断他助人的热情，尤其是对他的学生。开学前，唐俊宁听到其他教师说某同学由于家庭贫困，家长不准备送她上学了，辛苦了一天的他马上跑到该学生家，耐心地劝导家长。但这位家长只是无奈地说：“老师，我们都想让她读书，跳出现在这个环境，只是没钱……”“没关系，只要送她上学就行！所有的学费我给她垫付，只要她能学到知识，将来有所成就，改变现在的生活状态就够了。”家长拉住唐俊宁的手，激动地连说谢谢。在唐俊宁执教的几年间，他已经这样资助了二十多个孩子。

唐俊宁不仅帮助学生们，还满腔热情地竭力帮助其他人。村里的一位老人因为家境贫寒，又无儿无女，所以每逢过节或做好吃的时候，唐俊宁

总是会多做一份送给老人，还不时为她添衣置物，老人逢人便说：“唐俊宁真是个好人！帮我那么多，也不图回报！”

从走上工作岗位以来，唐俊宁的乐于助人也时刻感染着别人，温暖着别人。“唐老师，可以帮我一下吗？”这样的声音，在办公室此起彼伏，每一次他都非常乐意帮助别人，甚至牺牲自己的休息时间。唐俊宁说，看到周围所有人的眉头舒展了，是他最大的快乐。

看着一个个懵懂的儿童在自己悉心教导下，振翅高飞；看着一个个顽皮少年在自己的劝说下重新拿起书本，探幽寻胜；看着一个个天真的孩子端坐在课堂上，眼中充满求知的渴望，唐俊宁就觉得无比欣慰，而这些都令他感受到“不要问别人为你做了什么，而要问你为别人做了什么”这句座右铭的深刻内涵和暖暖温情。

看，在我们的生活中，在我们的成长道路上，谨记“不要问别人为你做了什么，而要问你为别人做了什么”这句座右铭是多么宝贵!有时候，我们不能体谅别人、不能为别人多做些事情，是因为我们没能设身处地地站在对方的立场替他着想。尝试着转换角色，或许，我们的态度会改变很多，我们的生活也会改变很多。

我们能为别人所做的，并不一定非要是那些震撼人心的事情，往往，一些常被我们忽略的小事就能温暖人心，让人对你另眼相看：别人不经意间掉了东西，你帮忙捡起来，然后轻轻地放到他手里，他便会对你投来感激的目光……即使对方是你不认识的陌生人，如果能在与其接触的这段时间里，充分为他提供方便与照顾，也会赢得他的好感，让你们由陌生到熟识甚至成为好朋友。

座右铭启示

小小的动作、好心的提示、真心的言语、温馨的微笑、得体的表达、宽容的态度、细心的照顾都会成为你能为别人做的事情，一点一滴的累积、一个一个朋友的增加，就会成为你美好生活的敲门砖，一步步改变着你的生活轨迹!

你的爱心可能创造奇迹

韦唯有一首家喻户晓的歌曲："只要人人都献出一点爱，世界将变成美好的人间。"的确，如果你从刚踏入社会就开始学习做人，心系他人，时常想着要为他人创造幸福，那么，你的爱心可能创造奇迹。

人类是有感情的动物，当你将你的感情、爱心奉献给别人时，别人也会对你施以爱的回报，或是发自内心的感谢。被别人尊重是我们每个刚走进社会的人所希望的事情，但如果我们不付出爱心，就很难会收获别人的关爱。

谨记"你的爱心可能创造奇迹"这句座右铭，你的内心世界将会得到延伸，你的天空将会更加辽阔。王维正是用他无私的爱心谱写了一曲悠扬的生命之歌。

王维刚踏上工作岗位，准备一展自己的才华，实现自身的抱负。不料，在一次身体检查中，王维被诊断出患有尿毒症。由于家境贫穷，面对昂贵的治疗费，年轻的王维没有任何能力承担。想到自己将要离开人世，王维向市红十字会申请了一份遗体捐献书，想在自己离开人世后，将遗体无偿捐献出来，这样既能拯救其他病人，也能让自己的生命得到延续。

待捐献遗体手续办完后，王维本想平淡地度过余下的光阴，但他还是想向社会贡献自己的一点爱心，于是他选择在公交车上卖报纸来赚钱，资助一些贫困学生。令人欣喜的是，他的事迹被市电视台一位记者知道了，记者连续几天跟踪报道了王维的感人事迹，深受感动的市民、单位自发为王维捐款达数万元。

又一次看到希望的王维，来到医院接受了透析治疗。可惜命运是如此残酷，就在王维治疗期间，狠心的妻子竟撇下他离家出走，这让王维产生了巨大压力。守着空房的王维再次决定放弃治疗，他将剩余的款项捐给了市抗癌基金会。会长知道此事后坚决不收他的捐款，不但将钱如数奉还，又另捐数万元给他。后来，一位不愿透露姓名的好心人被王维的举动所打动，说自己曾经接受过王维的帮助，现在愿意担负王维治疗的全部费用，并已将治疗费汇给了医院。

王维再次与病魔积极地斗争，同时也非常感谢这位素未谋面的救命恩人，他说："未来，我将用更多的爱心回报社会，报答这位大恩人，我没想到，我曾经付出的一点点爱心竟然能够挽救自己的生命，我一生都要感谢这位恩人，并用我所有的爱心竭尽所能地帮助周围的人。"

王维之所以能得到这么多陌生人的关心和支持，与他无私的奉献是分不开的。社会上需要我们付出爱心的地方很多，哪怕每天只付出我们的一点点爱心，也会体现出其中的价值与意义所在，也会在不经意间赢得别人一生的感谢。利凤就是这样改变了珊珊的一生，令珊珊铭记终生。

珊珊是一个聪明的孩子，但读小学时对学习完全没有兴趣，考试成绩也很差。利凤作为青年教师，更是第一次担任班主任。看着珊珊每天总是紧锁双眉，从没笑脸，上课也没有精神，而且经常逃课，利凤非常着急。

后来，利凤从别的学生那里了解到珊珊的情况：原来珊珊的妈妈在她很小的时候就离家出走了，只留下姐姐和她与爸爸共同生活。爸爸又没有固定的工作，靠收废品维持生计，所以没有时间照顾她。因此，珊珊从小生活在恐惧和冷漠之中，心理便有了障碍，认为全天下只有自己最可悲，只有自己得不到关爱。

面对珊珊的这种情况，利凤想直接找她谈话，但又担心太唐突，反而让她们的关系疏远，使珊珊更加自卑。正当利凤不知所措之时，珊珊的一篇日记给了她启发。珊珊在日记里诉说了自己心中的郁闷，埋怨世界的不公。于是，利凤开始和珊珊用日记交流，珊珊的每一篇日记利凤都读得很仔细，改得很认真，并且针对日记内容，写下大段的评语，将自己的爱全部转化成文字告诉珊珊。

利凤在给珊珊日记的评语中写道：上天是公平的，我们失去一部分东西，上天一定会在别的地方给我们以补偿；我们的不幸和真正不幸的人比起来实在算不上什么，和他们比我们实在太幸运了；我们要充满爱地面对世界，有爱的世界就有奇迹。

除了日记中的交流，利凤也开始在日常生活中竭尽全力关心珊珊，时常嘘寒问暖。

慢慢地，利凤发现珊珊对同学们的态度有所好转，开始主动接近大家，同时也会帮助利凤做一些力所能及的事情，而利凤也主动让她帮忙，并趁着这段时间，一边工作，一边和珊珊聊天。渐渐地，她们的心走在了一起。

好多年过去了，那个内向忧郁的珊珊不见了，取而代之的是一位优秀、美丽的年轻女人，脸上经常绽放着美丽的笑容。面对自己的变化，珊珊由衷地说："我这辈子都要感谢利凤老师，是她无私的爱心改变了我的一生。以前我一直以为我很不幸，怎么会有这样的命运。现在我知道了，这是'天将降大任于斯人也'。以后，我也要做和利凤老师一样的人，用爱心构筑世界！"

诚如珊珊所说，我们这个社会需要用爱心来构筑。也许只是危难时伸出援手，但它可以救活一个人；也许只是薄薄的一条毯子，但它可以温暖一个人；也许只是一句鼓励的话语，但它可以换回失意者的希望……

所以，从现在开始，学会付出我们的爱心吧，点滴的爱心可能会创造奇迹。而更重要的是，这样的你能始终处于积极热情的状态，你的人生也会随之改变，你的世界也会充满欢笑，你的命运也会更加精彩!

金钱损失了还能挽回，信誉一旦失去就很难挽回

作为刚踏入社会的年轻人，信誉是我们行走于世间最基础的保障和无形的通行证。诚然，我们每个人都想成功，但要实现这一愿望，首先必须要守住信誉，将"金钱损失了还能挽回，信誉一旦失去就很难挽回"作为座右铭牢记于心。

信誉对每个年轻人来说都是一张测试人品高下的试纸，守住信誉既是我们涉世之初的立身之本，又是为人处世的生存之道，更是助我们走向成

功的法宝。在通往成功的道路上，我们难免会损失金钱，但却一定不能失去信誉，记住，守住信誉是一笔永远不会赔本的买卖，并最终能让我们抵达事业的巅峰。美国的亨利·霍金士就是这样成为全世界最有名的企业家的。

亨利·霍金士是一个农家子弟，在他刚开始经营食品加工业时，美国的《纯正食品法》还没有出台，很多食品行业的从业人员在制成品中掺假，人们的健康严重地受到了危害。面对掺假这种情况，霍金士一直都持坚决反对的态度。

从年轻时开始，霍金士一直都认为赚钱也要赚得有信誉，不可以去赚那些黑心钱，特别是干食品这一行业的，不能为了赚取眼前利益而损害消费者的利益，危害到消费者的健康。霍金士说："供应给消费者优良的食品是我们的天职，不能一味在价格以及原料投入上做文章或者是动手脚。"保证食品纯正，就是食品行业要守住的信誉。

凭借着自己的努力，霍金士成立了亨利食品加工工业公司。从公司成立伊始，霍金士便对本公司的员工严格要求，要他们抱着"这些食品是我们吃"的心理去工作，尤其注意卫生的重要性。在价格问题上，他一开始就坚持按制订的价格出售，不随便迁就前来购买的顾客。霍金士觉得，既然自己在产品质量上做出了巨大的努力，那么就应该得到和质量相符合的回报。消费者要想吃到纯正卫生的食品，就应该付出一定的费用。

从头到尾，霍金士都坚持一分价钱一分货的原则，也坚定地守着他的信誉，但凡在其制作过程中添加东西，都要通过专家的检测，证明其的确对人身体没有伤害才可以使用，即便给食品添加防腐剂也不例外。但在一个偶然的实验后，专家检测出防腐剂对人体是有伤害的。霍金士得知这个报告后大为吃惊，因为有绝大部分的食品中都添加有这种防腐剂，最重要的是这已经成为一种生产惯例。于是，他立即决定把这份实验报告公布给全世界，可是专家提醒他还应认真地再考虑一下，因为如果公布出去的话，很可能会在食品业中引起轩然大波，霍金士的公司也将会遭到同行的责难和排斥。

但霍金士还是毫不犹豫地公布了这份报告，哪怕自己会因此而遭受重大的损失。他说："既然我们已经知道了事情的真相，就不可以隐瞒大众。无论后果怎样，必须立刻向消费者宣告，这一切都是我应尽的责任，也是我坚守的信誉。"

做出向公众公布一切这一决定的霍金士虽然保护了消费者的权益，但是却几乎为自己招致了灭顶之灾。同行为了保护自己的利益，特意进行了一次大集合，联合起来在业务上排挤霍金士，霍金士被逼到了濒临破产的境地，食品的销售量减少，市场份额也几乎被别的公司全部夺走。

在这种艰难的状况下，食品纯正活动持续了三四年的时间。后来，美国政府终于制定了《纯正食品法》。这一法规的创立，使美国食品在国际上声名鹊起，这是霍金士没有想到的。最关键的是在这三四年的磨难中，霍金士非但没有丧失斗志，反而增强了创业的信心，也让他更坚信守住信誉的重要性。

当人们纷纷来祝贺的时候，霍金士感慨地说："从小我就没有学过做生意，但是后来却成了生意人。当我看到很多农产品因为没有销路而被弃置于田野时，内心感到非常可惜。我从一开始经商就不习惯商界的虚假以及那些不正当的行为，支配我的想法是，做生意的人也应该和普通人一样，不可以做损人利己的事情，'就算损失金钱，也一定不能失去信誉'，而这也是我从年轻时开始就一直恪守的座右铭。"

无论在遭受损失时还是身处危机时，霍金士都保持着公司的信誉，这不仅为他赢得了业界同行的交口称赞，更为他带来了巨大的成就和财富。对我们年轻人来说，守住了信誉就拥有了成功的资本。

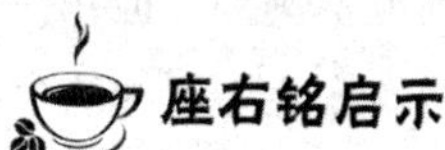

座右铭启示

信誉是属于我们每个人的，在信誉面前，我们不需要任何虚伪的语言和浮华的装饰。守住信誉是每个人都应该铭记的，尤其是年轻人，把握住信誉，才能把握好我们人生的每一步。只要我们拥有良好的信誉，即使已跌至人生最低谷，即使已损失到毫无分文，也仍然会有很多朋友向你伸来援助之手，让你东山再起。总而言之，守住信誉，会让你受益终身!

岂能尽遂人愿，但求无愧我心

在我们闯荡社会之初，或许没有令人称道的外表和优雅的风韵，但却同样能拥有吸引人的气质，而这种气质就是无愧于心。无愧于心是我们内在精神的体现，它没有具体的表现形式，而是我们对生命的一种实实在在的解释。

若是美德能分为显性和隐性，那无愧于心就具有隐性特征。其表现在年轻人学做人上，就是要我们能宽厚待人、以诚示人、赤胆为人。无愧于心是我们步入社会后的立身之本、处世之道、待人之术，是以心换心、以情换情的那份真诚，是阳关大道、人间正道的指南针，是我们性情中的真善美。

无愧于心的人往往在事业刚起步之时，就将名节看做是泰山，将信义看做是准绳，将忠诚看做是标志，有着“君子一言，驷马难追”的气魄，有着“宁可天下人负我，我不负天下人”的坦荡，他们以“岂能尽遂人愿，但求无愧我心”为座右铭来鞭策自己，堂堂正正做人。无愧于心的人不会算计、欺骗和出卖朋友，与这样的人打交道，如在笼罩着白茫茫月光的湖面上泛舟，让人感觉宁静温馨。

或许是最初创业的经历比较艰辛，王聪看上去比实际年龄显老，让人无法相信他不到三十岁已经自己一手创办了一家小有名气的公司。当说到他的做人和创业经验时，他说：“‘做人要无愧于心’就是我的座右铭，世事难料，不可能随心所欲，但只要无愧于心，对得起自己就行了。”

后来王聪开始做起了装修临时工，虽然被人骗过，但他依然坚持自己的原则，他守着“岂能尽随人意，但求无愧于心”这条座右铭，王聪开始了在装修市场的创业。由于待人真诚，收费公道，做工精细，渐渐地，王聪开始在装修市场中有了名气。几年下来，王聪完成了原始积累，成立了自己的装修公司。

凭着“无愧于心”的座右铭，王聪的事业之路走得是踏踏实实。在这充满竞争的市场中，王聪开创事业的过程，展示的不仅仅是他的坚韧执着，更重要的是他优秀的做人品质。

对我们年轻人来说，学做人不是一件简单的事情，想成为一个成功的人，无愧于心是一种基本要求。曾有人说，世界上广阔的是海洋，比海洋广阔的是天空，比天空广阔的是人的胸怀。做事无愧于心不代表我们懦弱、无能，而是一种做人的气度和雅量。只有虚伪、做作的人，才会使人与人之间缺少信任、缺少融洽、缺少和谐、缺少坦诚与真爱。

从读书时代开始，海尔曼就将“无愧于心”视为自己的座右铭。当他走入社会后，他更是将此融入他的职业规划中，并以此为他作为医生的职业操守。一天夜里，海尔曼的诊所被一个小偷撬开。慌忙中，小偷不慎摔断了大腿骨，想跑也跑不了。这时，海尔曼和助手从楼上下来，助手说：“打电话让警察把他带走吧！”“不，在我的诊所，病人不能这样出去！”海尔曼连夜给他做了手术，并打上石膏绷带。所有治疗工作完成后，海尔曼将小偷交给警察。助手问：“他偷了您的财物，您怎么还如此给他治疗呢？”海尔曼回答说：“救死扶伤是医生的天职，不管怎么样，我要做到无愧于心。”

在海尔曼眼里，小偷在没有摔伤前是一个盗贼、是令人憎恨的，但他受伤之后，就变成了一个需要治疗的病人。在医生眼里，只有病人，没有其他，哪怕他在几秒钟前还对自己产生过威胁，偷盗了自己的财产。海尔曼的行为，反映他忠实地履行了一个医生的职责，也反映出他高尚的人格魅力，更是他无愧于心座右铭的真实体现。

无愧于心做人是我们在社会中展开人际交往的基石，令人回味、赞赏，不在于一时一事。凡事无愧于心的年轻人让人信赖、让人踏实、让人熨帖、让人感动。这样的年轻人，可做朋友，亦可做知己。

刚走进社会，虽不可能事事如自己心意，但若我们做人做事能无愧于心，就算不一定得到丰厚的回报和万事顺意的发展，也会得到周围的朋友和同事发自内心地拥护、赏识，继而间接得到发展的机会。

以无愧于心为座右铭的年轻人心地单纯，能化复杂为简单；以无愧于心为座右铭的年轻人心胸宽广，能化恩怨干戈为真情玉帛；以无愧于心为座右铭的年轻人心存善良、心向美好，少栽刺、多栽花；以无愧于心为座右铭的年轻人如参天大树，能给人遮挡暑热；以无愧于心为座右铭的年轻人，胸怀宽容坦荡，有容乃大；以无愧于心为座右铭的年轻人，如河水深层的劲流，厚积薄发；以无愧于心为座右铭的年轻人，如淙淙甘泉，滋润着周围人的心灵，令大家如沐春风，却不怀一己之私心。

让“岂能尽遂人愿，但求无愧我心”成为我们每个年轻人的座右铭吧，这样我们才能不求功名，只愿载众人善良之心，陶冶自身情操，尽享做人之本！

玉碎不改其白，竹焚不毁其节

所谓“玉碎不改其白，竹焚不毁其节”讲求的是做人要有尊严，尤其是初入社会的我们。尊严，是一种高尚的人格，是志存高远的境界，是任何时候都挺起自己胸膛的风骨。

尊严绝不仅仅是做人的面子，而是一种自尊心、一种价值观、一种责任感和一种奋斗精神。正如玉尽管碎了其质仍旧洁白，竹即使焚毁其节依旧坚硬。

没有财富，我们可以用双手和智慧去创造；没有事业，我们可以用头脑和毅力去探索，但是，若是我们没有了尊严，那就什么也没有了，它是我们至上的精神瑰宝！刚走入工作岗位的雪萍就用行动维护了自身的尊严。

大学毕业的雪萍进入了一家外资企业从事技术工作。一天上班时，外国老板到工厂视察工作，不知道是谁在休息的时候不小心踩到了老板，惹得这位老板当即大怒，一气之下竟破口大骂在场的所有员工，并要求所有人鞠躬道歉。

看着为一点小事就大发雷霆的老板，许多员工当时都不愿鞠躬，但老板生气地说："谁不鞠躬道歉就被辞退，而且工资分文都拿不到。"员工们在老板的淫威和气势下一个个地被迫鞠躬道歉，只有雪萍始终挺直腰杆，站着纹丝不动。面对不肯鞠躬屈服的雪萍，老板恼羞成怒地大吼："不鞠躬就给我滚！"雪萍无所畏惧，立马转身大踏步走了出去，并在走出车间的时候对老板说："玉碎不改其白，竹焚不毁其节，死我都不能为这事鞠躬道歉，因为我是一个有尊严的中国人，你记住了，别以为中国人好欺负！"

永不屈服，誓死不向老板鞠躬道歉的雪萍，以自己的行动向我们展示了她做人的座右铭——玉碎不改其白，竹焚不毁其节。同样的，王如也是以此为座右铭做人，他将尊严深深地印在寻梦之路上，才有了如今的出人头地。

连续几天的奔波，王如终于在一间港商投资的工厂找到一份工资低得可怜的暑期工，这是他踏入社会的第一份工作，他非常珍惜。当时他的工作是组装一种遥控汽车玩具，其中有一道工序是组装玩具汽车的轮胎，是用手指将相当于轮胎的胶圈塞到类似于轮毂的胶棍上，这是一项相当难做的工作，完全需要手工完成。几乎所有人都干过，但是，没有人能够坚持下去。

王如干了一段时间后，手指头起了泡。但是，他没有提出要求调换岗位，而是继续在那里干，速度却明显比之前慢了许多。一天中午，主管巡视生产车间，当他行至王如坐的位置时，停了下来。主管开始指责王如干得太慢，继而，又对他进行一番挖苦。主管见王如没有作声，变本加厉地斥责他、质问他、羞辱他。

王如以沉默回应着，周围的人屏住了呼吸。突然，王如蓦地站了起来，主管以为他要打人，退后了几步。只听见王如一字一顿地说："没有调查之前，希望你不要乱骂人！我即使穷得一无所有，但是，我还有做人的尊严！"王如的声音，响彻了整个车间。

说完，他大步地离开了车间。

此后，王如开始为自己的未来打拼，功夫不负有心人，王如终于有了自己的小公司……

年轻时候，在我们的寻梦路上，即使我们撞得头破血流，即使我们什么都没有了，也一定要保持做人的尊严，这就是王如用行动告诉我们的真谛。赫赫有名的美国石油大亨哈默也是以尊严为座右铭，从而找到了人生的幸福和财富。

一年冬天，美国加州沃尔逊小镇上来了一群饥饿的流浪者，哈默也在其中。人们给他们送去饭食，他们个个狼吞虎咽，连一句感谢的话也来不及说。

但哈默却是个例外，当镇长杰克逊先生把食物送到哈默面前时，哈默问："先生，吃了您的东西，您有什么活需要我做吗？"杰克逊说："不，我没有什么活需要你来做。"哈默的目光顿时灰暗下去了，说："那我便不能随便吃您的东西。我不能不经过劳动便平白无故得到这些东西。"杰克逊想了一会儿说："小伙子，你愿意为我捶背吗？"

说着就蹲在地上，哈默便十分认真地给他捶背。捶了几分钟杰克逊站起来说："小伙子，你捶得棒极了。"说完将食物递给哈默。后来，哈默留下来在杰克逊的庄园干活，成为一把好手。

几年后，杰克逊把自己的女儿玛格珍妮许配给了哈默，杰克逊对女儿说："别看他现在什么都没有，可他百分百会成为一个富翁，因为他有尊严。"果然不出所料，好多年后，哈默成了美国著名的富翁。

玉碎不改其白，竹焚不毁其节。无论如何，我们要守住自己的尊严，靠自己的努力，挺直腰杆，踏实地前进，这样才能站得更高，行得更远。这就是哈默传奇人生给我们的启示。

尊严是我们独立人格的象征，是我们支撑信仰与生命的骨架。做人不能没有尊严，犹如太阳不能没有炽热的光芒，江河不能没有豪迈的奔涌一般，而这难能可贵的尊严绝不是摆给人看的，而是志气、正气、骨气、胆气、神气、底气的自然流露，它的存在令人肃然起敬，它崇高而不可侵犯。

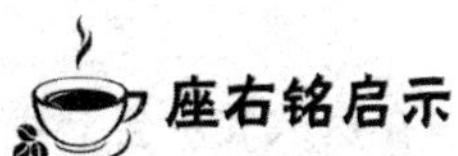

座右铭启示

人都要有自己的尊严，无论贫富贵贱、年龄大小，外在的一切不利可以夺走一切，却夺不走我们的尊严。尊严是我们面对事业刚起步时种种磨难永不屈服的铮铮铁骨，是我们从涉世之初的青涩走向功成名就的希望和灵魂，是令我们年轻的生命绽放光华的宝贵财富！

反省，是为前进铺路

对于年轻人来说，反省不是后悔，而是一种自我学习的能力，反省的过程就是学习过程，也是为前进铺路的过程。

曾子曰："吾日三省吾身。"世界上没有十全十美的人，更找不到没犯过错的人，如果我们能够不断地自我反省，并努力寻求解决问题的方法，从中悟到失败的教训，继而再尽力作出纠正，这样就可以在今后避免同样的错误，完成自我的蜕变、成长和前进。

法国牧师兰塞姆的墓志铭上说："假如时光可以倒流，世界上将有一半的人可以成为伟人。"我们可以将此理解为"如果每个人都能反省自己重新来过，便有一半的人可能让自己成为一个了不起的人。"可见，反省有多么重要。

身为华为总裁的任正非曾在《华为的冬天》一文中写道："十年来我天天思考的都是失败，对成功视而不见，也没有什么荣誉感、自豪感，而是危机感。也许是这样（华为）才存活了十年。我们大家要一起来想，怎样才能活下去，也许才能存活得久一些。失败这一天是一定会到来的，大家要准备迎接，这是我从不动摇的看法，这是历史规律。"企业的发展同我们年轻人的成长是一样的，只有学会反省，才能改正自己的错误，在激烈的人才竞争中立于不败之地，不断前进。

刚进入社会的李雄，第一份工作是IT公司的经理助理，一次同经理一起参加软件展示会，他所在的公司获得了不错的成绩。

展示会刚一结束，李雄便迫不及待地对经理说："在这次展示会上我们取得了十项大奖中的九项，真是不错啊！"没想到的是，经理对他说：

“为什么还有一个奖项没有得到呢？为什么不从这个失掉的奖项中总结经验，研讨日后我们怎么才能拿到全部奖项？”那一刻，李雄惊呆了，他没有想到经理在乎的竟然是那个失掉的奖项。同时，他也明白了，为什么自己所在的公司能有今天的成就，这是因为管理者能够不断反省、总结，公司才能不断进步、壮大。

李雄和经理的这段对话告诉我们，每一次的反省，都是为了在下一次做出更正和改进，只有这样，才能做得更好，才能不断前进，一步步走向成功。反省是我们人生中的一面镜子，将我们的错误清清楚楚地照出来，这不是用来让我们后悔的，而是给我们改正的机会，让我们能更好地前进。

在我们的成长之路上，最需要将不断反省视为座右铭，即使我们已经取得了一定的成绩，也要继续反省，这样我们才能取得更多的成绩。宇儒就是这样一步步从服务生成长为大堂经理的。

中学毕业的宇儒因家境不好，只得辍学务工，因为学历低，他的第一份工作是酒店的服务员。在接待他的第一位客人时，早上，客人刚出房门，宇儒恭敬地问道：“杨女士要用早餐吗？”客人非常奇怪，反问：“你怎么知道我姓杨？”宇儒说：“我昨天晚上已经背熟了当天所有房间房客的姓名。”这令这位客人大吃一惊，当天她便在留言册上表扬了宇儒，而后，她便成了这家酒店的常客。

不久，宇儒被调到了餐厅。一天上午，在宇儒值班时，他微笑地问客人：“刘先生还坐老位子吗？”这位客人也显得很吃惊，宇儒主动解释说：“我刚刚查过电脑记录，您在去年的6月，在大堂中间靠近立柱的位子上用过早餐，而您所点的早餐是鸡蛋、红茶、餐包，请问您还是要点老菜单吗？”

这位客人非常欣喜地说：“老菜单，就要老菜单。”等到宇儒上完菜的时候，他特意退后了两步，问客人：“您还需要什么服务吗？”客人问：“你为什么要退后两步？”宇儒说：“我不希望我说话时，不小心将口水溅落到您的食物上。”客人深受感动，并在吃完早饭后直接找到了大堂经理，感谢他培养出如此优秀的服务员。

事后，大堂经理找宇儒谈心，问他是如何赢得这么多表扬的。宇儒说：“这是因为我每天都反省，问我自己哪里还有服务不到位的地方，还能有什么方法让自己做得更好，这样我才能每天都有进步，我的座右铭就是——反省不是去后悔，而是为前进铺路”。不久，宇儒便被破格提拔成领班了。

宇儒的话就是要我们学会反省，时刻反省自己在学习和生活中存在的问题，认真思考需要改进的地方，并从中寻找解决方案，这样，我们才能点燃自己的心灯，照亮前行的人生道路。

大学毕业后，李唯望进入了一家非常普通的公司工作。公司安排李唯望从基层做起，其他新员工都在抱怨：“为什么让我们做这些无聊的工作？做这种平凡的工作会有什么希望呢？”

面对此情此景，李唯望却什么都没说，他每天都认认真真地去做每一件领导交给的工作，而且还帮助其他员工去做一些最基础、最累的工作。由于李唯望的良好心态，做事情往往更快更好。

更难能可贵的是，李唯望是个非常有心的人，他对自己的工作有一个详细的记录，做什么事情出现问题，他都记录下来，然后虚心地去请教老员工，由于他的态度和人缘都很好，大家也非常乐于教他。

经过一年的磨炼，李唯望掌握了基层的全部工作要领，很快，他就被提拔为车间主任，又过了一年，他就成了部门的经理，而与他一起入职的其他员工，却还在基层抱怨着。后来，在那一年的公司表彰大会上，李唯望被评为公司的杰出青年。在致答谢词时，李唯望说：“之所以能站在这个位置上发言，与我平时善于反省有莫大的关系，当我们抱怨这些那些的时候，不如把手头的工作做好，当我们觉得周围环境糟糕时，不如反省是不是自己的心态有问题，这样，我们才能尽快适应社会，尽快成长！”

作为事业刚起步的年轻人，每个人都希望能以最快的速度走向成功，但实现成功却要经过一番艰苦的历程，只有时常反省自己的一言一行和所思所想，才能一步一个脚印坚实地走下去，让自己每天都有进步，并在坚持不懈的反省中认识、改变自己，不断为自己的未来铺平道路。

人无完人，学会反省可以使年轻人尽快克服缺点和不足。每一个清晨，别忘了温习一下这个座右铭：“反省不是去后悔，是为前进铺路”。唯有反省，我们才能发现自己的错误；唯有反省，我们才能看到自己的缺点；唯有反省，我们才能认清自己的灵魂；唯有反省，我们才能品味到无穷无尽的包容；唯有反省，我们才能体会到丰富多彩的成长历程；唯有反省，我们才能感受到真心实意的情感乐园；唯有反省；我们才能找到解开人生谜团的钥匙；唯有反省，我们才能大步前行，锤炼出自我的完美品质，最终摆脱平凡脱颖而出！

学会放松，才能看到人生的价值

我们每个人的青春只有一次，既然只能年轻一次，就应该“活”得有质量、有档次、有追求、有意义，而不是活得太累，无法放松，自己去折磨自己。刚踏入社会的我们会常常抱怨自己活得好累，不知道前进的方向在哪里，是为了什么而活。这种累就是心累，或因处境不佳，或因交往不顺，或因遭遇不公……

人生本就不可能一帆风顺，没必要痛心疾首，郁闷不堪。世上不如意事甚多，若是活得太累，不懂得放松，让自己的心灵呼吸不到新鲜的空气，又怎么能捕捉到那难得的风景，认识生命的精彩呢？

作为年轻人，未来的路还很长，生命还很精彩，千万不要把每一件失意之事和每一缕愁思都在心中淤积，滚成雪球。如果事情已成定局，无可变更，那就不要沉溺于懊恼悲哀之中不能自拔。相反，试着放松自己，大步踏过去，前边就是辽阔的天地，只要一直朝着梦想努力，心中的愿望就能实现！

王敏常觉得自己活得很累，没有办法放松地生活，她觉得自己是个没有主见的人。

在很小的时候，王敏的父母就离婚了，她和爸爸生活在一起。王敏从小大到都没有和爸爸发过脾气，别的女生都会有青春叛逆期，她却没有，其实不是她没有脾气，而是当面对爸爸时，实在表现不出来。

王敏的爸爸很有钱，所以她从小到大物质上的东西没有缺少过，但是她却感觉有一种莫名的孤单。只要和爸爸在一起她就觉得累，爸爸的家族里有很多人，每个人都爱管着王敏，爸爸更是如此，任何事情都会干预。如今，王敏已经24岁了，但她总觉得自己的心理年龄好像还未成年，一遇到事情，她就老想坏的方面，而且总是不能坚持自己的看法，很在意爸爸和家里人会怎么看，这让她觉得累极了。

王敏就是放不开自己，不懂得放松，才让自己觉得活得很累，继而，连自己前进的动力都找不到，不知道年轻的自己存在于大千世界的意义。

刚踏入社会时，我们一定要学会独立，懂得放松自己的心灵，让自己的每一天都过得快乐、活得精彩，千万别把各种有形无形的枷锁套在自己头上，让自己活得太累。要知道每一个年轻人都是造物主的宠儿，造物主将美丽、青春、活力、激情毫无保留地赐予我们，就是让我们有十足的资本去开拓属于自己的未来，所以我们更应该活得舒心，活得潇洒，别让自己太累。

见过雅维的人都会感叹她本人与所谓的女强人形象相去甚远，实在是太年轻、太娇小了。就是这样的一个弱女子却在毕业几年后就在工作上所取得突出的业绩。谈到自己所取得的成绩，雅维说，她其实是个很简单的人，在工作时用心做事，在生活中轻松做人，这样才能体会到年轻的乐趣。

虽然现在雅维是公司的精英，而且也带领着自己的团队取得了了不起的业绩，但她的工作经历并不是一帆风顺的。和很多年轻人一样，雅维在刚踏入社会时也有过一段低潮期。“我进单位三个月后才开了第一份单，而且第一份就搞砸了，可能是因为当时太紧张吧。我后来调整心态，让自己学会放轻松，工作就顺利起来了。”雅维笑笑说。

于是，在后面的工作中，雅维根据客户的不同喜好，制订了应对不同客户的方法，让自己每天都保持放松的状态。就这样，她最终走出低潮，迎来了事业的高峰。“我发现，我工作时，一紧张就容易犯错误，相反，放轻松反而能凭自己的感觉和经验找准客户。”事实证明，雅维的这种

“放松”所产生的直觉往往是正确的。当然，雅维也提到在工作中光靠直觉也不行，直觉必须以经验和实践为基础。刚开始工作时，遇到困难在所难免，调节的关键在于对自己心态的把握，学会放松，才能真正体会到年轻的活力和动力，继而创造出属于自己的精彩。

雅维用闯荡职场的经历告诉我们学会放松的重要性。年轻的代名词不是牺牲，我们生活的全部也不是付出，我们在工作之余有权利享受生活的美好和乐趣，时常给自己的心情放放假，别让自己活得太累，才能从心底体会到年轻的滋味，这便是“学会放松，才能看到人生的价值”这句座右铭的真正内涵。

学会放松，我们才能轻松地面对人生中的潮起潮落。也许你曾为工作的失败而惋惜，也许你曾为机会的错失而后悔，也许你曾为职位的升迁而追逐，也许你曾为难解的问题而困惑……面对这种种的一切，我们一定要将“学会放松，才能看到人生的价值”视为座右铭，坐看云起云落、花开花谢，收获一份自在的好心情。

座右铭启示

年轻的我们没必要用太多的脂粉去涂抹自己，逢场作戏，生活中就应该想笑就笑，想唱就唱，想哭就哭，想玩就玩，活得朴素自然，活得坦坦荡荡，活得轻松自在，唯有如此，才能清楚自己的心声，明了自己的方向，认识自己的灵魂！

事能知足心常乐，人到无求品自高

对于初入社会的我们来说，诱惑无处不在、无时不有。诱惑总带着迷人的笑容，向我们展示婀娜的身姿，抛出暧昧的眼神，让人心甘情愿地投入其中。正所谓“人之所以痛苦，皆因内心的执念，对于某些东西放不

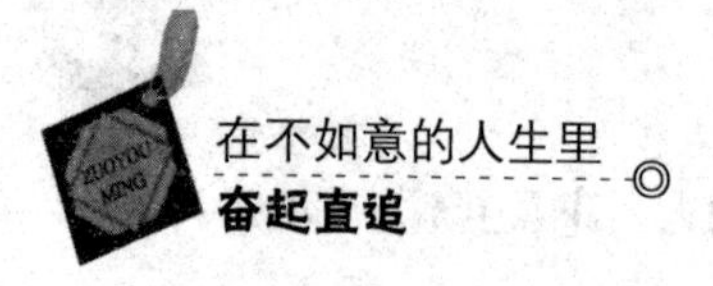

下，不知知足”。当我们苦苦追求各种欲望，如爱情、金钱、权利而不得的时候，就会陷入迷乱烦躁之中，让自己的生活变得一团糟。

有时，越是得不到的东西就越是想得到，可偏偏越是想得到的东西就越是得不到，如此纠缠下去，就演变成难解的心结。这时，不如将“事能知足心常乐，人到无求品自高”这句座右铭默念几遍，给自己的精神减减压。

知足是我们年轻人为人处世的一种境界，能知足常乐，世间便没有无法解决的问题。其实，人的基本需求是很低的，但人的欲望却总是无限的。我们每个人都应珍惜自己所拥有的，尤其是年轻的时候，要懂得知足常乐。

凡事若能对自己宽容，对他人宽容，对社会宽容，便可创造出一个相对宽松的生存环境，令自己能以愉悦的心情工作和生活，而这也是最能接近成功的生活方式。

王如和李亮同时应聘到学校当老师，明明是同样的生活状况，但王如却发现李亮每天都生活得很开心。

一次王如和李亮聊到这个问题，李亮笑笑说：“当老师多好啊！你看看我们的学校多么干净整洁，一走进来就让人觉得舒服。和学生们交朋友多好啊！他们从来不会欺骗你，心地纯真善良，你就是孩子王，当你需要帮忙的时候学生们都抢着帮你，有什么工作能和老师比？你看，学校不需要穿工作服就能上班，自己觉得什么好看就穿什么，只要不过头；学校不像工厂，到处有污染，就连呼吸的空气也充斥着各种化学物质，走进学校到处都是小花小草的，一片春意盎然的样子；学校不会规定你一天必须完成多少工作量，只要完成教学任务达到教学目标就可以了，这节课完不成可以放在下节课，只要学生们能掌握；学校不像企业，面对的是一些枯燥的零件，做出来的是冷冰冰的产品，我们当老师每天面对的是一群活生生的孩子，他们天真、活泼、可爱，个个生龙活虎，而且看着他们一天天长大，每天因你的教育而变得成熟，你不觉得很满足、很有成就感吗？这种生活让我很知足，所以我每天都很快乐。”

李亮的生活之所以快乐，不是因为他所取得的成绩，而是他的心态——事能知足心常乐，人到无求品自高。这就是我们年轻人应保持的最佳生活状态，只有对你每天的生活都感到知足，能乐观面对即将到来的一切，我们才能天天面带笑容地生活。

用知足的心态去对待生活中的每时每刻，我们就会少一些埋怨，多一些快乐，少一分欲念，多一份知足。如“黑鸭子”合唱组的樊桐舟，她的快乐和幸福生活就是建立在“事能知足心常乐，人到无求品自高”的座右铭上。

“黑鸭子”合唱组一直活跃于大大小小的伴唱舞台上。虽然，她们并没有大红大紫过，但作为中国分声部演唱组合的领头人，“黑鸭子”合唱组早已深入人心。“黑鸭子”合唱组有一个最大的特点，就是它不隶属于任何一家公司，而是一个独立的团体。在合唱之外，每个成员都有固定的工作，可以根据工作节奏安排演出的场次。除了担任合唱组里的二声部，樊桐舟还会负责写三个人的和声曲谱。这样一来，“黑鸭子”合唱组成了樊桐舟最稳定的一份“兼职”。

樊桐舟的本职工作是北京现代音乐研修学院的老师，“我特别喜欢站在讲台上的感觉。看着台下坐了那么多渴求知识的学生，我总有一种莫名的兴奋感，想把我所知道的音乐知识都传授给他们。”讲到老本行，樊桐舟的兴奋溢于言表，“站在讲台上和站在舞台上的感觉有一部分是相似的，但成就感却远远高于做一名歌手。每当看到学生进步，我都会有一种非常大的成就感。”发行个人专辑之后，樊桐舟的工作重心虽然有部分转到演出方面，但她依然坚持每月去学校给学生们排练合唱歌曲。她说：“音乐教育是我生命中十分重要的一部分。虽然现在我还不能把全部精力放在这上面，但我会在社会上积累更多的经验，然后回来传授给学生。”

樊桐舟一直觉得自己的生活很幸福，她非常满足，有一份喜欢的工作；在北京给父母买了房，随时可以去看望老人；可以做自己热爱的音乐……

年轻的时候懂得知足非常重要，因为这是我们年轻人学做人的一种心态、一种境界、一种品格，像樊桐舟这样，常怀一颗知足之心生活，人生自然处处欢乐不断，生活自然天天顺顺当当。

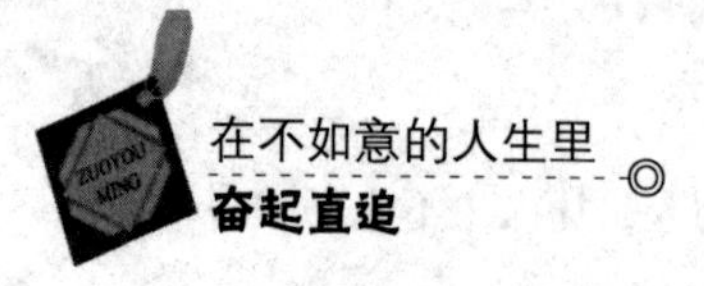

“事能知足心常乐，人到无求品自高”这句座右铭正是要我们用知足的心态去对待宠辱和得失。人的内心是否安定其实是一种心态，是我们可以调控的，也是我们在刚刚接触社会时就应该把握和学习的，对我们将来的发展至关重要。或许有的人生活得很优裕，却总是不安定、不踏实；有的人生活得很艰苦，却觉得知足而快乐。年轻的时候就应该明白，我们的一生是为了自己而不是为别人活着，所以不要将自己束缚在攀比的牢笼中，为世俗的纷扰所困，而应以知足的心态去面对生活中的一切。

如果我们能知足于我们所拥有的一切，在刚踏入社会之时就将心态调至最佳状态，人自然也就变得从容且满足，那时，如意、幸福、安定的生活便不再是童话，而是我们每天都能享受到的真真切切的现实，若是如此，人生岂不妙哉。

第 2 章

行动可以如乞丐，但永远要有一颗高傲的心

IBM总裁曾送给儿子一句话："心灵像上帝，行动如乞丐。"意思是，心灵要永远有高傲之情，但行动却要像乞丐一样，去乞讨、把握一切有助于我们人生幸福与成功的机会。百川之所以汇集大海，因为它善处于下游地位，终成为百川之王。这个社会真正成功的人士往往是那些懂得谦虚待人的，因为他们才真正地理解世事的艰难，行为处事的重要。

在人之上，要视别人为人；在人之下，要视自己为人

年轻人在为事业拼搏的过程中，“上上下下”谁都免不了，我们每个人都得在上下、得失之间展开自己的人生画卷，能顺其自然地看待这些，才能正确看待成败得失，走向海阔天空，创造出不平凡的人生。

将“在人之上，要视别人为人；在人之下，要视自己为人”视为座右铭，才能让我们自己时刻保持清醒的头脑，凡事以自身的努力来面对。能上能下、平常待之，是人生的一种大智大慧、大觉大悟，有了这种心境，我们就能够活得坦然了。苏东坡正是如此，他能写下流传千古的名诗就是源于他的一颗能上能下的平常心。

可以说，苏东坡的一生命途多舛，在宦途上，几起几落，受尽了磨难。他的一生漂泊不定，奔走于杭州、密州、黄州、惠州等地之间，最后竟被流放到今天的海南，但他始终以平常心视之。

苏东坡曾写过名句“处贫贱易，处富贵难；安劳苦易，安闲散难；忍痛易，忍痒难；人能安闲散，耐富贵，忍痒，真有道之士也。”反映了自己的人生态度，而他也真正做到了。他曾因“乌台诗案”被捕入狱，后来被释，在监狱中共度过了四个月又二十天，出了监狱大门，他停了一会儿，用鼻子嗅了嗅空气，感到微风吹到脸上的快乐，闻到了阵阵花香，看到街上行人穿梭而过，他又思如泉涌了，于是写下了“平生文字为吾累，此去声名不厌低，塞上纵归他日马，城东不斗少年鸡……”写完这首诗，苏东坡掷笔笑道：“我真是不可救药，想把自己当人都不行吗？”

在官场中，苏东坡屡屡遭贬，虽然他身居贫困之地、险恶之邦，却仍能找到真正的自己。面对残酷的现实和窘迫的生活，他自宽自解道：“罗浮山下四时春，卢橘杨梅次第新。日啖荔枝三百颗，不辞长作岭南人”；他吟唱道：“枝上柳绵吹又少，天涯何处无芳草！”

尽管苏东坡的诗词曾在当时被列为“禁书”，但还是有人冒险传抄、

诵读；尽管他被贬到天涯海角，但还是有人不远千里专程去探望他，拜他为师。这正是被他“在人之上，要视别人为人；在人之下，要视自己为人”的个人魅力所吸引。

这就是名垂后世的苏东坡，在政治前途渺茫、生活极其艰难的日子里，他始终保持着平常乐观的人生态度。他既面对现实，又超脱现实，无论是身居高位，还是被贬他方，无论经受怎样的挫折，他都能以平常心面对，尊重他人也尊重自己。

心胸坦坦荡荡、人格纯洁高远的人，永远是宽容、平静的。如慕华，无论面对生活中的何种变化，她始终能寻找到人生的支点，看淡看轻人世炎凉，优雅无华。

很难想象身为“80后”的慕华已经是健身馆的主管了。慕华说，这一切都要感谢老师曾教她的“在人之上，要视别人为人；在人之下，要视自己为人”这句座右铭。刚进入社会时，慕华因为过于肥胖的外形而被招聘公司拒之门外。别无选择之下，她开始打临时工，尽管时常遭人白眼，但慕华从没轻视过自己。后来，慕华进入健身馆打工，工作期间，慕华坚持健身减肥，尤其是学习瑜伽养生。而她的事业也随着健身的加强而逐渐有了起色，一步步成为健身馆的主管。

随着社会地位的提高，慕华不再会遭人白眼，但她依旧保持着一颗平常心面对下属，帮他们提高、改善工作方法或解决生活中的困难。慕华常感叹是老师当初的那句“在人之上，要视别人为人；在人之下，要视自己为人”改变了自己的命运。慕华说：“不管做什么，只要有正确的心态，就会创造出属于你的成功。”

慕华正是用自己的经历告诉了我们“在人之上，要视别人为人；在人之下，要视自己为人”，而这既是她的涉世之初的座右铭，又是她能逐步走向成功的关键。

齐白石先生说过:人誉之，一笑；人毁之，一笑。刚踏入社会，在我们心智还有待完善的时候，面对一切的变故，只有保持一颗平常心才会豁达而不失节制，恬淡而不失执着。须知，人生之中，“上上下下”是无止境的，正确看待得失，才能走向成功。

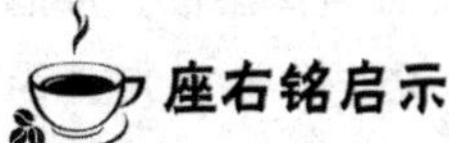

座右铭启示

作为年轻人，在为人处世之时，要始终保持平常心，进不骄、退不馁，以清醒的头脑面对成败，从全局出发保持一颗平常心去看世界。只有这样，我们才能无欲而刚，从心底傲然而立，保持一种自若的人生境界，守住自己一份完整独立的人格尊严，还心灵一片净土，这时，你会发现人生总有鸟语花香。

“要想让身子过去，就要先把心从杆上撑过去”

心理学家通过研究发现：人们在没有经历一些事情的时候，总是会首先对自己形成一种心理暗示，比如将一块宽0.3米、长10米的木板放在地上，人们通常都能够轻易地从上面走过去。但如果把这块木板放在高空中，许多人就会因此恐惧而不敢迈步。这时人们往往会形成一种自我暗示：我会掉下去。在这样的暗示作用下，他们会感到恐惧，害怕自己真的会掉下去，虽然事实并没有发生，但是，他们内心还是会隐隐不安。歌德曾说：“你失去了财产，你只是失去了一点；你失去了荣誉，你失去了许多；你失去了勇气，你就把一切都失掉了！”

有两个人在沙漠中艰难地跋涉，他们的食物和水都吃完了，于是又饿又渴。这时，一个人从口袋里掏出了一把手枪和五颗子弹给另外一个人，并对他说：“我现在去找水，不然我们会饿死在沙漠里，请你在这里待着，每隔一小时就打一枪，让我知道你在什么地方，以免我一会儿迷了路。”另一个人点了点头，那个人就走了。留下来的那个人每隔一小时就打一枪，可是，快到最后一枪了，那个出去找食物的人还是没有回来，他内心开始恐惧，他担心那个人已经死了，最后，他终于忍不住了，用枪里最后一颗子弹打死了自己。但是，就在枪声响后不久，找食物的人回来了。

如果留下来的人再忍耐一下就可以活下来，可是，他选择放弃了生的机会，因为他战胜不了内心的障碍。孙振耀曾这样写道："我宣布从惠普（中国）公司总裁任上退休后，接到了许多人的祝贺，大部分人都认为我能够在这样的年龄，以及这样的职位上选择退休，是一种勇气，也是一种福气。"生活需要勇气，有勇气的人不仅仅能够战胜对手，更重要的是能战胜自己内心的障碍，这样才能推开成功的大门。

一位撑杆跳选手，一直苦于无法超越一个高度。他失望地对教练说："我实在是跳不过去。"

教练问："你心里在想什么？"

他说："我一冲到起跳线前，看到那个高度，就觉得我跳不过去。"

教练告诉他："你一定可以跳过去，把你的心从杆上撑过去，你的身子就一定会跟着过去。"

选手依言撑起杆又跳了一次，这次，他果然一跃而过。

在很多时候，一个人最难以克服的是心理障碍，或缺少信心，或缺少勇气。就好像这位撑杆跳选手一样，假如你想让身子过去，就要先把心从杆上撑过去。许多人不敢去追求梦想，不是梦想太远，而是因为他们心里已经默认了一个"高度"，而这个高度常常使他们受限，所以，他们总是无法跨越心中的障碍。

座右铭启示

在生活中，许多人不敢追求成功，原因并不是追求不到成功，而是他们在还没有开始追逐之前就在心里默认了一个"高度"，这个"高度"常常暗示自己：成功是不可能的，是没办法做到的。"心理高度"成为了人们无法取得成功的根本原因之一，自我设限是一件很悲哀的事情，所以，我们要将成功的信念注入血液之中，不断地告诉自己"我能行"，"我努力就一定能成功"，"我是最优秀的"，不断增强自信心，勇敢地向成功奋进。

如果想征服别人，先征服心中的那个“你”

比尔·盖茨说：“所谓机会，就是去尝试新的、没做过的事。可惜在微软神话下，许多人做的，仅仅是去重复微软的一切。这些不敢创新、不敢冒险的人，要不了多久就会丧失竞争力，又哪来成功的机会呢？”微软只会青睐那些敢于冒险、相信自己判断的人，因为只有勇于挑战自我，才能塑造充满勇气的自信人生！在人生的道路上，我们会遇到各种各样的对手，假如我们想要征服别人，那首先要征服自己。

一个男人在街上推着婴儿车，小家伙在车里哭闹不止。男人低声说道：“约翰，千万别着急，千万别生气，会好的，就会好的。”

一个女人看到了很是感动，上前说道：“先生，你真伟大，能这么温柔地跟孩子说话，男人很少有像您这么又体贴又有爱心的。”

然后她俯下身，对孩子说：“约翰宝宝，别哭了，你爸爸多爱你呀。”男人说：“对不起，我想您误会了，其实我才是约翰。”

人生中，你才是自己最大的征服对象。假如你想让事情发生改变，首先要使自己发生改变。如果你想征服别人，那先征服心中的自己。尤其当你内心变得畏惧、自卑的时候，更要懂得征服自己。

戴高乐将军曾说：“眼睛所看到的地方，就是你会到达的地方。唯有伟大的人才能成就伟大的事，他们之所以伟大，就是因为他们决心要做出伟大的事。”凡是成功者都具备一个共同特征，那就是对自己有信心，每一次的成功就会使他们很快地树立自信心，成功机会越多，他们的自信心就越强。成功的第一秘诀就是自信，如果自己都不相信自己，那么别人更不可能相信你。

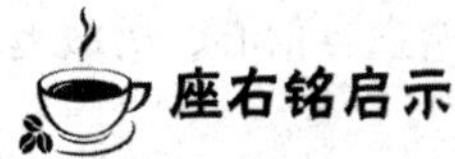

座右铭启示

对于胆小的人，他所需要征服的是内心的怯弱。成功大师拿破仑·希

尔曾说：“一个人一生中唯一的限制就是他内心的那个限制。”那么，如何突破内心的那个限制呢？勇气，当然是勇气，只有勇气才能战胜自我，当你鼓起勇气向前，你就会发现许多门都是虚掩着的。当暴风雨来临，勇敢的水手总是满怀着生存的希望，不断激励自己，不管风浪多么可怕，他们总是能够坚持下去，最终平安回来；而那些胆小的水手，早在暴风雨来临之前，他们就失去了生存的勇气，最终以失败告终。我们需要勇气，生活需要勇气，勇气是光明的使者，它能将人从黑暗的泥沼中拉出，帮助我们战胜困难，赢得最后的胜利。

只有你的心，才是一切的发动机

成功的回忆可以帮助我们建立成功的自我想象，可以使自己获得自信。当你对自己的能力表示怀疑，为自卑感所困扰的时候，不妨从过去的成功经历中吸取养分，来滋润自己的信心。不要沉溺于对失败经历的回忆，要将失败的意象从自己脑海中赶出去。生活中，许多人之所以缺乏自信，有诸多因素，可能是在失败的经历自信中被磨灭，也可能是被内心存在的自卑感击垮，然而，如何才能让自己变得自信起来呢？增强自己的装备？披着一副铠甲仅仅是外在装备的增强，会让我们的内心注满信心吗？当然不是，因为只有你的心，才是一切的发动机。当我们变得胆小、自卑，那唯一需要改变的就是我们的心，只有从内心做起，我们才会成为真正自信的人。

有一次兔子跑到仙鹤面前，说道：“亲爱的仙鹤，你是治牙病的专家，请你给我安一副假牙吧！”

“可是，你的牙是好好的呀！”

“好倒是好，就是太小了，你给我安上像狮子那样的尖牙！”

“你要狮子牙干什么？”

“我要和狐狸较量较量，我不愿意总是一见他就得逃跑，让他一见我就逃才好呢！”

仙鹤笑了笑，给兔子安上了两颗假牙，两颗像狮子那样的尖牙，简直像真的一样，看起来好吓人。

“啊，好极了！”兔子照照镜子，高兴地叫道，“我现在就去找狐狸。”

兔子在树林里跑来跑去，四处寻找狐狸。这时，狐狸从树丛后面出来了，朝着兔子迎面走来。兔子一看见狐狸，立即撒腿就跑。他跑到仙鹤那里，吓得直哆嗦。

“仙鹤，亲爱的，给我把牙换了吧。”

“这副牙怎么不好了？”

“不是不好，是太小了，还对付不了狐狸，你有没有更大的牙？”

“有也没用，”仙鹤说，“小兔子，应该给你换换心才好，必须把你的兔子心摘出来，换上狮子心才行啊！”

这个故事告诉我们：只有你的心，才是一切的发动机。假如你企图用整修外表来掩饰内心的空虚和不自信，那样是徒劳的，因为心病还得心药医。信心是获得成功不可缺少的前提，信心会引导我们走向成功。有信心的人，他们遇事不畏缩、不恐惧，即使有隐隐不安，也能勇敢地超越自我。有信心的人，他们浑身充满了活力，能解决任何问题，凡事全力以赴，最终他们会成为最伟大的胜利者。

韦尔奇这样解释他的成功：“我们所经历的一切都会成为我们信心建立的基石，当你被选为一支球队的队长时，当你在球场中选队员时，你就掌握了这支队伍，然后事情就这么发生了。渐渐地，你会习惯这些经验，而且人们也会信任你，给予你善意的回应。”其实，在生活中，事情本身并不能影响我们，影响我们的是我们对事物的看法。在任何时候，我们都不能将自己看成是一个失败者，而是尽量把自己当成一个胜利者。每个人没有什么局限性，任何人都一样，每个人的内心都有一个沉睡的巨人，那就是信心。

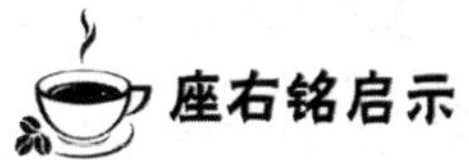

世界酒店大王希尔顿用200美元创业起家，有人问他成功的秘诀，他说："信心。"而美国前总统里根在接受*SUCCESS*杂志采访时说："创业者若抱着无比的信心，就可以缔造一个美好的未来。"自信是成功的助燃剂，自信多一分，成功就可以多十分。爱迪生曾经试用1200种不同的材料做白炽灯泡的灯丝，但是都失败了，有人批评他："你已经失败了1200次了。"可是，爱迪生不这么认为，他充满自信地说："我的成功就在于发现了1200种材料不适合做灯丝。"正是怀着内心的这份自信，爱迪生最后获得了成功。那些成功者的经历，其实就是心理学中的"自信心效应"，只要不放弃，那就没有什么不可能。

心若改变，你的人生就跟着改变

心理学家马斯洛曾经说过这样一句话："心若改变，你的态度跟着改变；态度改变，你的习惯跟着改变；习惯改变，你的性格跟着改变；性格改变，你的人生跟着改变。"人生的事情，往往没有十全十美，只是在追逐梦想的路途中，我们不要迷失了方向，而要坚持最初的本心。一个人想要平凡而不平庸是很难做到的，琐碎的烦恼，会将人拖累得丧失了生活的愉悦，最后只能随波逐流地混日子。当一个人把生活仅仅当作活着来对待时，那么其做人的风格就大打折扣了。在任何时候，我们都不要忘了最初的本心。

有个老魔鬼看到人间的生活过得太幸福了，他说："我们要去扰乱一下，要不然魔鬼就不存在了。"

他先派了一个小魔鬼去扰乱一个农夫。因为他看到那农夫每天辛勤地工作，所得却少得可怜，但他还是那么快乐、知足。

小魔鬼就开始想，要怎样才能把农夫变坏呢？他就把农夫的田地变得很硬，让农夫知难而退。那农夫敲半天，做得好辛苦，但他只是休息一下，还是继续敲，没有一点抱怨。小魔鬼看到计策失败，只好摸摸鼻子回去了。

老魔鬼又派了第二个去。第二个小魔鬼想，既然让他更加辛苦也没有用，那就拿走他所拥有的东西吧！那小魔鬼就把他午餐的面包跟水偷走，他想，农夫做得那么辛苦，又累又饿，却连面包跟水都不见了，这下子他一定会暴跳如雷！

农夫又渴又饿地到树下休息，想不到面包跟水都不见了！农夫心想："不晓得是哪个可怜的人比我更需要那块面包跟水？如果这些东西能让他得温饱的话，那就好了。"魔鬼的计策又失败了，小魔鬼又弃甲而逃。

老魔鬼觉得奇怪，难道没有任何办法能使这农夫变坏？就在这时，第三个小魔鬼出来了，他对老魔鬼讲："我有办法，一定能把他变坏。"小魔鬼先去跟农夫做朋友，农夫很高兴地和他做了朋友。因为魔鬼有预知的能力，他就告诉农夫，明年会有干旱，教农夫把稻种在湿地上，农夫便照做。结果第二年别人没有收成，只有农夫的收成满坑满谷，他就因此而富裕起来了。

小魔鬼每年都对农夫说当年适合种什么，三年下来，这农夫就变得非常富有。他又教农夫把米拿去酿酒贩卖，赚取更多的钱。慢慢地，农夫开始不工作了，靠着经济贩卖的方式，就能获得大量金钱。

有一天，老魔鬼来了，小魔鬼就告诉老魔鬼说："您看！我现在要展现我的成果。这农夫现在已经有猪的血液了。"只见农夫办了个晚宴，所有富有的人都来参加：喝最好的酒，吃最精美的餐点，还有好多的仆人侍候。他们恣意浪费，衣裳零乱，醉得不省人事，开始变得像猪一样痴肥愚蠢。

"您还会看到他身上有着狼的血液。"小魔鬼又说。这时，一个仆人端着葡萄酒出来，不小心跌了一跤。农夫就开始骂他："你做事这么不小心！"，"唉！主人，我们到现在都没有吃饭，饿得浑身无力。"，"事情没有做完，你们怎么可以吃饭！"

老魔鬼见了，高兴地对小魔鬼说：“唉！你太了不起！你是怎么办到的？”小魔鬼说：“我只不过是让他拥有比他需要的更多而已，这样就可以引发他人性中的贪婪。”

这个故事告诉我们：我们在努力追求梦想的同时，千万不要忘了最初的本心。假如你最初的心已经改变了，那你的态度就会随之改变；态度改变了，你的习惯就会跟着改变；习惯改变了，那你的性格就会跟着改变；性格改变了，你的人生就会跟着改变。

座右铭启示

每个人诞生梦想之初，是为了寻找心灵的快乐，这就是我们追求梦想的最初的本心。不过，当有一天我们在追逐梦想的过程中收获了太多关于名和利的东西，甚至心灵也被这些东西缠绕，深陷其中、不得自拔时，我们最初的本心已经改变了，因为名和利将我们内心深处的贪婪、自私唤醒了，我们最终只会为了名利去牺牲更多的东西，诸如爱、坚韧、勇气……那么，随着心的改变，态度以及性格的改变，我们的人生将不会是追逐梦想的美丽人生，只会成为沾满名利的肮脏之旅。

你看别人像什么，你就是什么

有人说，要让自己快乐，最好的办法就是先令别人快乐。同样的道理，当我们想要赢得别人的喜欢，那就需要学会喜欢别人，尊重别人。弗洛姆说：“尊重生命、尊重他人也尊重自己的生命，是生命进程中的伴随物，也是心理健康的一个条件。”只有真正学会尊重他人、尊重身边的每一个人，我们才能得到他人的尊重，最终我们才能与他人建立融洽和谐的人际关系。尊重，如同一把火炬，在心灵与心灵之间传递着信任与爱；尊重；又如同一把金钥匙，能打开所有上锁的灵魂。

苏东坡与佛印禅师是很好的朋友，有一天，他和佛印禅师一起坐禅。苏东坡说："大师，你看我坐在这里像什么？"

"看来像是一尊佛。"佛印说。

苏东坡讥笑着说："但我看你倒像一堆大便！"

"因为自己是佛，看别人也会像佛；自己是大便，看别人也会像大便。"听了苏东坡的话，苏小妹说。

在日常生活中，别人就是自己的一面镜子。你看别人像什么，你自己就是什么。同样的道理，在交际过程中，当你真心喜欢别人的时候，别人才会真心喜欢你。人与人之间是相辅相成的，你对待别人的态度将换来对方对你的态度，所以，是好是坏，最后都将取决于你自己。

纽约一商人看到一个衣衫褴褛的铅笔推销员，出于内心的怜悯，商人塞给那人一元钱，但是，过了一会儿，商人意识到自己的行为伤害了对方的自尊。于是，商人返回来，从铅笔推销商那里取出几只铅笔，并解释道："不好意思，我忘记取笔了。"然后，他又说道："你跟我都是商人，你有东西就要卖给别人。"几个月过去了，商人再次遇到了那位铅笔推销员，这时，推销员已经成为推销商，他感谢了纽约商人："你重新给了我自尊，告诉了我，我是个商人。"

我们应该记住：在日常交际中，尊重永远是社交的第一要素，在任何时候，面对任何人，我们都要学会尊重。席勒说："不知道尊重自己尊严的人，也完全不能尊重别人的尊严。"自尊是每个人必须学会的原则，从小，我们就应该学会"站着"而不是"趴着"去仰望那些大人物，我们的自信心与健全的人格会为我们的一生打下坚实的基础。一个人的心灵世界，是要靠自尊来支撑的，尊严可以带给人自信，也可以改变一个人的命运。

座右铭启示

一个售货员的心情很好，于是，她给了顾客一个亲切的微笑，顾客的心情也变好了，回到家，给了儿子一个微笑，儿子的心情也变好了，回到学校给了所有的同学一个微笑，微笑就这样一直传下去了。在生活中，人与人之间就是这样，当我们把内心的善意通过语言传递给对方，那对方自然也会回报我们以温暖。

谋事在人，天生我材必有用

人生在世，谁都希望自己有个光明的前途，希望自己有所作为，但事实上，并不是所有人都能春风得意。此时，你可能会悲叹人生，可能会否定自己，可能会认为自己是天底下最不幸的人。对此，李白的诗句说得好："天生我材必有用，千金散尽还复来。"通常来讲，越是有所追求、越是想成就事业的人，可能遇到的烦恼和痛苦就会越多，凡事达观一点，看开一点，相信自己，终会心想事成。

包维尔自小就十分喜欢摄影，大学毕业后，他对摄影到了痴迷的程度，无心去挣钱工作。从此包维尔过着简单的生活，从不理会自己的生活是富有还是贫穷，只要能够摄影也就够了。他穿着破裤子，吃着最简单的汉堡包。在别人眼里，他是困苦贫穷的象征，而包维尔自己却过得异常快乐。

在他27岁时，他的人物摄影技术登峰造极，成为世界公认的人物摄影大师，并为英国首相拍摄人物照，从此一发而不可收。至今他已为全世界一百多位总统、首相拍过人物摄影。请他摄影的世界名流更是数不胜数，排队等候一两年是常事。包维尔成为了一个真正的世界顶尖级摄影大师。

从包维尔的故事中，我们可知，在人生目标的实现过程中，一个人只有内心平静，努力充实自己，等待时机、不骄不躁，日子才会过得悠然自得、从容不迫，不去盲目羡慕别人，你才会找到自己的生活，完成你自己的事业。

我们发现，生活中，那些处世达观的人，他们总是热爱生活、勇于奋斗，并不十分在意生活中的小烦恼，对未来充满了无限希望。而那些处世悲观的人，总感叹自己命运不济，于是，他们的生活过得空虚，月亮会使他感到孤独、雪花会使他感到寂寞、即使盛开的鲜花摆在他面前他也会感到花朵正在凋谢。人非草木，遇到不愉快的事情自然不会无动于衷，然而现实不会因你的烦恼而改变，生活不会因你的痛苦而停顿。人生的路，需要你勇敢地面对、冷静地思考、明智地选择。

座右铭启示

在人生旅途中，很多人为前途而烦恼，但如若遇到失败就气馁、自我放弃、甚至自寻短见，走上自毁之途，试问又如何完成这漫长的人生旅程呢？再者，为了一时的失败而白白断送自己一生的前途，这又是否值得呢？古语有云：谋事在人，成事在天。他们认为尽管尽了最大的努力去做一件事，而结果往往未必理想，此乃天命是也。当然，这并不是告诉人们要消极悲观地等待命运的宣判，而是要让我们明白，凡事达观，不可太过纠结。

天使即使翅膀断了，心也要飞翔

智者说：“天使即使翅膀断了，心也要飞翔。”追求完美，是每一个人生命的诉求，但是，在这个世界上，并不存在绝对完美的东西，即使那世界著名的雕像——维纳斯，它也不是绝对的完美，而是一个断臂的女神。同样，没有一个人的人生是完美的，因为人生或多或少都会出现一些挫折，或许，有人看来挫折与苦难让人生变得残缺，其实不然，正是由于这些挫折，我们的人生才会充满了精彩。失聪的贝多芬，几乎完全听不到任何普通声音，但是，他却创作了那么多美妙的乐章；仅存一只眼睛的象牙工艺师，却创作了伟大的微雕作品——在象牙米上刻十八罗汉。或许，在旁人看来，他们的身体都是残缺的，但是，这些缺憾却丝毫不影响他们那走向成功的坚定脚步。

黄美廉站在台上，她挥舞着她的双手；仰着头，脖子伸得老长，与她尖尖的下巴扯成一条直线；她的嘴张着，眼睛眯成一条线，诡谲地看着台下的学生；偶尔，她的口中也会咿咿唔唔的，不知在说些什么。她是一位从小就患有脑性麻痹的患者，脑性麻痹不仅夺去了她肢体的平衡感，也夺走了她发声讲话的能力。从小，她就生活在众多异样的目光之中。她的成长过程，可以说是充满了血泪的。但是，她却没有让这些外在的痛苦击败她内在奋斗的精神。相反，她昂然面对，勇敢地迎接一切挑战和挫折，终于获得了美国加州大学艺术博士学位。

黄美廉用自己的双手当画笔，用色彩告诉人们“寰宇之力与美”，并且灿烂地“活出生命的色彩”。虽然，她基本上不能说话，但她的听力很好，只要对方猜中，或说出了她的想法，她都会乐得大叫一声，伸出右手，用两个指头指着你；或拍着手，歪歪斜斜地向你走来，送你一张用她的画制作的明信片。

在一次演讲会上，就在演讲会准备开始时，一个学生走上前，小声地问道：“请问黄博士，您从小就长成这个样子，您是怎样看您自己？您难道对命运就没有过怨恨吗？”全场瞬间都沉默下来，所有的人心头都一紧。一个残疾人，在大庭广众之下被当面问及这么尴尬的问题，太刺人了，大家都担心黄美廉会受不了。

“我怎么看自己？”黄美廉吃力地用粉笔在黑板上重重地写下这几个字。写完这个问题，她停下笔来，歪着头看着发问的同学，然后嫣然一笑，回过头在黑板上龙飞凤舞地写了起来：“一、我好可爱！二、我的腿很长很美！三、爸爸妈妈很爱我！四、上帝很爱我!五、我会画画！我会写稿！六、我有只可爱的猫！七……”

教室内鸦雀无声，没有人敢讲话。写完这些，她回过头来定定地看着大家，然后又在黑板上写下了她的结论：“我只看我所有的，不看我所没有的。”掌声立即从学生中响起。看看黄美廉倾斜着身体站在讲台上，满足的笑容从她的嘴角荡漾开来，一种永远都不能被击败的傲然写在她脸上。

有人为“残缺”做了这样的解释：“每个人在降生时，上帝都不舍得放他们走，特别是那些极其优秀的，更像是一颗美丽诱人的苹果，上帝就会情不自禁地咬他们一口——被上帝咬过的，就是那些先天有缺陷的。”或许，“残缺”并非只是不幸，因为伴随残缺而来的可能还有得天独厚的天赋。如果生活遭遇了不幸，请感谢上天的恩宠，因为你就是那颗优秀的苹果。这样，当你遇到困难或挫折的时候，上天给你的将是比别人更多的垂青与厚爱。看着我们所拥有的，忽略那些我们失去的、欠缺的，心中还有什么怨言呢？

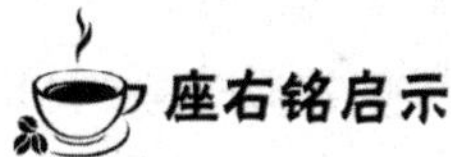
座右铭启示

面对生命的残缺，倘若能用一颗感恩的心来面对，那么，那些所谓的苦难真的不算什么。在人生的旅途中，我们常常会遭遇各种各样的不幸和灾难，即使心中有再多的痛苦，我们也不要责难生活，学会为那些失去的而感恩，学会接纳既成的事实，并用无比坚定的信念去战胜每一个困难。只要学会感恩，那么，残缺，就不再是一种缺憾！

跪着虽不会跌倒，但可能被践踏

我们一出生，就注定了我们必须坚强地面对未来的一切。特别是最初步入社会的几年，摔倒了,不能趴下，只有起身才能继续前行；失败了，不能气馁，只有顽强才能勇往直前；受挫了，不能放弃，只有坚持才能越挫越勇。是的，一切一切的遭遇，年轻的我们都要坚强地面对：事业的失败、感情的磨难、工作的挫折，有苦有泪，都不要灰心丧气，

只有坚强地面对才能吹响胜利的号角，是年轻人做人应该拥有的态度。

不要跪下、学会坚强，是我们顶天立地的誓言，是我们血肉之躯的

支撑，是我们在任何逆境中得以顽强生存的灵魂！坚强地做人能使我们在暗淡的日子里仰天长啸，在颠沛流离中坦然面对自我。洪战辉，一名默默无闻的普通大学生，正是在困难面前没有跪下，而是坚强地去面对、去接受，才在现实和理想的斗争中孕育出了更强大的力量，在感性和理想的冲突中滋生出了更纯粹的动力。

洪战辉是湖南怀化学院的一名大学生。从高中起，他便一边勤工俭学，一边照顾患病的父亲和捡来的小妹妹，如今已是第12个年头了。

在他12岁那年，父亲由于精神病发作摔死了年仅一岁的妹妹，而后离家出走。几个月后，当父亲回家时，带回了一个弃婴——“小不点”，她的到来，给家里带来了久违的欢乐。但洪战辉的母亲因不堪忍受父亲的病情和家境的艰难，不得不弃家而走，“小不点”被再次丢弃。当洪战辉看到“小不点”那依恋“哥哥”的可爱神情时，毅然决定留下这个可爱的“妹妹”。从此，照顾家人的重担落在了年仅13岁的战辉的肩膀上，但他从未想过向生活妥协，而是选择了坚强地同生活斗争。

1997年，洪战辉考上了省重点中学，由于学校离家太远，他决定带着三岁的妹妹上高中。这是他最艰难的时期，每天打工挣钱成了他繁重学业之外的最大任务。这期间，洪战辉虽曾因父亲再次犯病而一度辍学，但他还是坚持下来了，读书、打工、做小买卖，他吃尽了苦头却从未退缩过，也从没有动摇过抚养与自己毫无血缘关系的妹妹成人的念头。

不难想象，洪战辉忍受了多少常人无法想象的艰难与痛苦，这样的坚强令人感动。2003年，他考上了湖南怀化学院经济管理系。尽管洪战辉在小小的年纪里，就历尽艰辛受尽磨难，但他从没有向别人道过苦，也没有向别人乞求过，更没有怨天尤人，始终表现出了豁达乐观的人生态度。

如此遭遇，洪战辉从没有张扬过，也从没想向生活屈服，他想要带着妹妹上大学。这个特殊事例惊动了学校的老师和同学，学校破例同意他带妹妹上学的请求，并给他们单独安排了一间宿舍。在得知他的遭遇后，广大师生还自发为他捐款，却都被洪战辉婉言谢绝。他甚至还用打工挣来的钱资助了另外一名贫困生。这些都是洪战辉坚强做人的精神体现。

洪战辉面对生活的种种压迫，仍然恪守自己“坚强”的座右铭，笑对生活，他用他的经历告诉我们：面对生活的磨难，妥协不是解决问题的方法，唯有坚强面对，才能看到希望的曙光。

当我们为事业、未来拼搏时，会遭遇很多困难，而面对绝境的时候,才是真正考验我们的时候。跌倒了，应该坚强地笑着对自己说："爬起来就行了，不要为这绊脚石而伤心，它不过是人生成长的磨炼罢了。"伤痛留下的伤疤只会成为永恒的回忆，而每一道伤疤都会告诉自己：我要坚强地面对生活。

我们的社会生活才刚刚起步，相信命运的前方还会有许多绊脚石，但只要学会坚强，朝着自己设定的目标前进，一切困难都不会阻碍我们抵达成功的彼岸。

二十岁出头的佳敏，不但聪明而且漂亮，成绩一直非常优秀，高中毕业后便顺利进入日本的大学预科学习日语。当时，佳敏从报纸上了解到日本长崎国际大学的国际观光专业享誉世界，而她的梦想就是趁着年轻，走遍世界，所以日本长崎国际大学成为她的目标。为此，佳敏除了努力学习日语外，也在急切地等待着大学的录取考试。

就在考试前夕，为了缓解压力，学校放假三天。与其他同学一样，佳敏也回到了老家。闻讯后，父亲去机场接佳敏，就当父女二人快到家的时候，一辆大货车在超车时，突然将他们的摩托车撞翻，父亲被撞出十几米远，当场就昏迷不醒，更为严重的是佳敏，她的整条右腿全部被货车的后轮碾过，左腿则被车轮严重挤压。

经过医院的救治，佳敏的父亲痊愈了，但佳敏却失去了右腿，父亲深感后悔和自责。面对此情此景，佳敏没有任何抱怨，更多的是对父亲的理解和感恩，她对父亲说："活着就是幸运了，就算我失去了右腿，我也不能跪下，爸爸，我要继续学习，考上大学，然后去周游世界，因为我还年轻，你说是吧，你相信我吗？"

听完这些，父亲泪如雨下，他紧握佳敏的手说："好女儿，你一定可以的，一定能完成周游世界的梦想的，爸爸背着你一起旅游！"

年轻的佳敏，未来才刚刚展开，不料飞来横祸却几乎毁掉了她的前途，但她却没有失去信念，她要用坚强描绘她的青春，续写她的生命。

坚强是我们的重要力量，是我们做人的信念,而信念又是坚强的心理支点。记住，“跪着虽不会跌倒，但可能被践踏”，遭遇困苦时，我们不可怨天尤人、萎靡不振，那样只能向命运妥协，而应坚强面对。纵使艰难险阻，一片丹心不改，仍然顽强前行，这才是年轻的我们应拥有的无畏与豪迈！

座右铭启示

对年轻的我们而言，前行路途漫漫，挫折在所难免，也许就此夕阳西沉，也许黑夜之后旭日东升、朝霞满天。抉择与等待是痛苦的，若只是停滞不前，没有坚强的信念，是熬不过寒夜，等不到天明的，唯有坚强才能在漫漫长夜之后，看到东升的旭日！

第 3 章

让你出类拔萃的不是你的工作，而是你的工作态度

在生活中，我们每个人都有不同的工作轨迹，有的人是公司里的核心员工，他们实现了自己的价值；有的人却一直碌碌无为；还有的人总是抱怨，总认为自己很有本事，到头来却是一无所成。其实，我们都明白，除了少数天才，大部分人的禀赋是相差无几的，那是什么在造就我们的不同、改变我们的人生？——当然是工作的态度。

不想工作的人无法找到天堂

哲人说："每天无所事事的人是人生的消费者，积极有用的人才是人生的创造者。"有人说，人度过一生就好像乘坐一台公车，我们知道它一定有起点和终点，但却无法预知沿途的经历。有的人行程长，有的人行程短；有的人可以很从容地走过这段路程，他们在路上尽情欣赏车窗外面的美丽景色，感受到人生是如此的美好；有的人却表现得很急迫，总是在推搡和拥挤，每天他们都在抱怨苦闷和无聊，无法感受到人生的美好的一面。其实，不管你现在是18岁，还是30岁，都需要记住：只有积极、乐观的态度才可以创造美好的人生。在人生的路途中，懂得不时地进步，绝不因时间或任何的外在影响而停止努力。假如你的状态总是消极，每天无所事事；假如你一再地告诉自己"反正明天再开始也不迟"，那就会浪费今天的时间。

有一个人死后，在去阎罗殿的路上，遇见一座金碧辉煌的宫殿。宫殿的主人请求他留下来居住。

这个人说："我在人世间辛辛苦苦地忙碌了一辈子，现在只想吃、想睡，我讨厌工作！"

宫殿主人答道："若是这样，那么世界上再也没有比这里更适合你居住的了。我这里有山珍海味，你想吃什么就吃什么，不会有人来阻止你。我这里有舒服的床铺，你想睡多久就睡多久，不会有人来打扰你。而且，我保证没有任何事情需要你做。"

于是，这个人就住了下来。

开始的一段日子，这个人吃了睡，睡了吃，感到非常快乐。渐渐地他觉得有点寂寞和空虚了，于是就去见宫殿的主人，抱怨道："这种每天吃吃睡睡的日子过久了也没有意思。我对这种生活已经提不起一点兴趣了。你能否为我找个工作？"

宫殿主人答道："对不起，我们这里从来就不曾有过工作。"

又过了几个月，这个人实在忍不住了，又去见宫殿主人："这种日子我实在受不了了。如果你不给我工作，我宁可去下地狱，也不要再住在这里了！"

宫殿主人轻蔑地笑了："你认为这里是天堂吗？这里本来就是地狱啊！"

为什么一个不喜欢工作的人会生活在地狱里？当一个人觉得累了，他就想要休息，不想工作，每天除了吃就是睡，刚开始他会满足这样的生活，但时间长了，他只会感觉到寂寞和空虚。即便是再懒惰的人，过这样如寄生虫一般的日子久了，都会感觉到没有意思，因为他对这样的生活提不起半点兴趣了。人们都以为不工作的生活就是天堂，哪知都理解错了，那才是地狱。不想工作的人是没办法找到天堂的，没有谁比那些整天无所事事的人更累、更无聊了，因为他们找不到休息的办法。虽然，工作比较累，但它却充满了情趣，让人富有生机和活力。

座右铭启示

文学大师莎士比亚曾说："斧头虽小，但多劈几次，就能将坚硬的树木伐倒。"假如你把"每天进步一点点"作为自己的座右铭，那长久下去，你就会成为一个积极乐观的创造者。试着每天都去做一件自己虽不喜欢，但却很有意义的事情，比如每天固定地做十分钟的运动，背三个英文单词，读一小段文章，或用吃晚饭前的空档练习拉二胡。这些事情或许刚开始做时自己是不喜欢的，但却感觉很有意义，用不了多久的时间，你就会发现自己的身体、知识、琴艺，都有快速的进步。

此外，经常把目标设定在比自己现有能力再多出几个百分点的地方，比如，学校考试时，自己期许考高一点，也许会累一点，但时间长了，你就会发现自己的能力就会多练出几个百分点，在不知不觉中，你会变成一个比以前更优秀的自己。

永远保持自动自发的精神

哲人认为，成功是建立在全力以赴，尽职尽责做好日常工作的基础之上的。千万不要小看一些事情，因为它往往是决定成败的关键。在闻名世界的西点军校，那里的人向来都是以全力以赴、尽职尽责闻名于世，当他们做完一件事情之后，不管结果怎么样，先是反问自己：在做这件事的时候，自己是否竭尽全力了？这就是“西点人”通常的习惯，也因为这个好习惯，越来越多的西点人从中受到了很大的益处。

在美国西雅图的一所著名教堂里，有一位德高望重的牧师——戴尔·泰勒。有一天，他向教会学校一个班的学生先讲了下面这个故事：

那年冬天，猎人带着猎狗去打猎。猎人一枪击中了一只兔子的后腿，受伤的兔子拼命地逃生，猎狗在其后穷追不舍。可是追了一阵子，兔子跑得越来越远了，猎狗知道实在追不上了，只好悻悻地回到了猎人身边。

猎人气急败坏地说：“你真没用，连一只受伤的兔子都追不到！”猎狗听了很不服气地辩解道：“我已经尽力而为了呀！”再说兔子带着枪伤成功地逃生回了家，兄弟们都围过来惊讶地问它：“那只猎狗很凶啊，你又受了伤，是怎么甩掉它的呢？”

兔子说：“它是尽力而为，我是竭尽全力呀！它没追上我，最多挨一顿骂，而我若不竭尽全力地跑，可就没命了呀！”

泰勒牧师讲完故事之后，又向全班郑重其事地承诺：谁要是能背出《圣经·马太福音》中第五章到第七章的全部内容，他就邀请谁去西雅图的“太空针”高塔餐厅参加免费聚餐会。《圣经·马太福音》中第五章到第七章的全部内容有几万字，而且不押韵，要背诵全文无疑有相当大的难度。尽管参加免费聚餐会是许多学生梦寐以求的事情，但是几乎所有的人都浅尝辄止、望而却步了。

几天后，班中一个11岁的男孩儿，胸有成竹地在泰勒牧师面前，从头到尾地按要求背了下来，竟然一字不漏，没出一点差错，而且到了最后，简直成了声情并茂的朗诵。

泰勒牧师比别人更清楚，就是在成年的信徒中，能背诵这些篇幅的人也是罕见的，何况是一个孩子。泰勒牧师在赞叹男孩那惊人记忆力的同时，不禁好奇地问："你为什么能背下这么长的文字？"

这个男孩不暇思索地回答说："我竭尽全力！"16年后，这个男孩成了世界著名软件公司的老板，他就是比尔·盖茨。

当我们毫无保留、自发自动、竭尽全力地去做一件事情的时候，结果往往是成功的。在生活中，这样的例子是很多的，有些事情从表面上看是极其困难的，但只要我们全力以赴，不保留、不妥协，不总是想着自己还有退路，那我们最终是可以成功的。在很多时候，我们之所以失败了，不是因为路途太艰难，而是我们丧失了继续前进的勇气，也就是说，我们没竭尽全力。

座右铭启示

假如你想登上事业的成功巅峰，那就需要永远保持自动自发的精神。即便面对缺乏挑战性或毫无乐趣的工作，也能够全力以赴。只要我们养成了这样一种习惯，那你就能从中获得所向披靡的武器，从而获得自己想要的快乐和尊严。

选择适合自己的生活与工作环境

一个人要想活得自由自在，那就得选择适合自己的生活与工作环境。对于自己的职业选择，兴趣当然是第一位，只有当你对一项工作感兴趣，你才能把它做好，并从中发现工作的快乐，从而获得一种成就和满足感。而若是自己不喜欢的工作，那只能给自己带来痛苦和烦闷，到最后你只为工作而工作，别说难以获得一种成就感，更不用说完善和提升自己了。世界上最伟大的科学家爱因斯坦曾收到过一封信，信中邀请他去以色列当总统。面对如此“高官厚禄”的诱惑，让人大跌眼镜的是爱因斯坦竟婉言谢绝了，他在回信中说：“我整个一生都在同客观物质打交道，因而缺乏天生的才智，也缺乏经验来处理行政事务及正确对待他人。所以，本人不适合如此高官重任。”如此看来，爱因斯坦当初的决定是明智的，因为他所感兴趣的是数学和分子物理学，而不是政治。

在一座小城里，住着一个年轻人，以卖炊饼为生。他白天卖炊饼，到了晚上，便吹笛子自娱自乐。因此，天天晚上，悠扬笛声都能从他的屋里飘出来，他活得很自在，也很快乐，脸上时常挂着笑容。他的邻居是个大商人，觉得他为人老实，就借给他一万串铜钱，叫他做大生意，不要再卖炊饼了。从此，这个卖炊饼的人便白天忙生意，晚上忙算账。只闻他屋里算盘响，再也听不到悠扬悦耳的笛声了。

他在白天做生意时，心情也不好，既害怕出差错，又担心亏本。过了些日子，他实在不愿再过这种心无宁日的日子，于是，把钱如数还给邻居，又做起卖炊饼的小生意来。每逢晚上，他的屋里又传出了美妙的笛声。

一个人要想生活得自由自在，心情舒畅，就得选择适合自己的生活环境与工作环境。范仲淹曾说：“人生忧乐少，惟自适为好。”这里的“自适”其实就是自我适应的意思。人活着都追求内心的轻松与愉悦，感受到生活的快乐。只有这样，我们才会觉得活着有滋有味。只有这样，我们的生活才会充满希望，才会益于自己的身心健康，才会利于自己事业的发展。所以，不要强迫自己去做自己不愿意做的事情，不要强迫自己去过自己适应不了的生活。

生活在井里的一只快乐的青蛙一直向往大海，想迁居到那里，就请求大鳖带它去看海，大鳖欣然背它前往。

开始时，青蛙在大海里游来游去，好不痛快！游了一阵后，青蛙有点渴了，但它喝不了又苦又咸的海水；它饿了，却怎么也找不到一只可以充饥的虫子。青蛙急了，忙对大鳖说：“大海的确很好，但以我自身的条件，不能适应大海里生活，看来，我还是要回我的井里去，那里才是属于我的家园。”大鳖把青蛙送回井里，青蛙又恢复了往日的快乐。

美国生物学家戴维·巴尔德摩曾在1975年获得诺贝尔奖，他说：“要预测一个人是否可以成功，是否能成为伟大的科学家，很重要的一个方面，就是看他是否对自己的工作感兴趣。”药理学家吉尔曼也说：“回想我的经历，我最想说的是，你要做什么事情必须首先喜欢它，在做的过程中感到快乐，这样的事情才值得去做，也才能把它做好。”或许，在现实生活中，并非每个人都可以成为科学家，但如果我们可以选择自己喜欢的工作，并努力地为之付出，他日一定会有所成就。

座右铭启示

巴菲特说：“为了钱做自己不喜欢的工作，就好像为了钱和你不爱的人结婚一样，我认为，为了钱和你不爱的人结婚过一辈子，这绝对是疯了。在某些情况下可能是不得已而为之，但你已经相当富有了，还需要这样去做，那你绝对是一个发了疯的傻瓜。”做自己喜欢的工作，在自己擅长的领域里，我们才能做得更出色，才能做得出好的成绩来。在大多数情况下，选择自己喜欢的工作，更可以发挥出自己的潜能，这样我们工作起来也更容易成功。假如现在所做的工作，并非自己喜欢的，那这份工作就会成为我们身上的一份苦役，我们没办法将全部的精力投入到工作中去，反而会感到枯燥无味，这样也就很难去享受工作的乐趣。

挖一口真正属于自己的井

你只是一个挑水工吗？你难道没有学会挖一口真正属于自己的井吗？假如你把工作当成一种谋生的手段，甚至看不起自己的工作，就会感到艰辛、枯燥、乏味。假如你把工作当成自己的事业，一个人就会因此而迸发

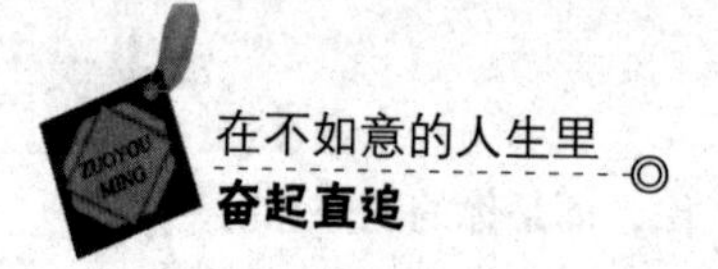

出无尽的热情与活力，自己的潜能也会得到最大程度的发挥，这时你会感觉到工作不是一种苦闷，而是一种快乐。当你不再满足于做一个挑水工，而是想办法挖一口真正属于自己的井，那在自己不懈的努力下，业绩就会不断攀升，每一次小小的进步，都会收获不小的成就感。渐渐地，你的信心越来越充足，就这样不断超越自我，追求完美，就会取得更大的突破。

有两个和尚，他们分别住在相邻的两座山上的庙里。这两座山之间有一条溪，于是这两个和尚每天都会在同一时间下山去溪边挑水，久而久之他们便成为了好朋友。就这样时间在每天挑水中流逝，不知不觉已经过了五年。

突然有一天左边这座山的和尚没有下山挑水，右边那座山的和尚心想："他大概睡过头了。"便不以为意。

哪知道第二天左边这座山的和尚还是没有下山挑水，第三天也一样，过了一个星期还是一样，直到过了一个月。右边那座山的和尚终于受不了，他心想："我的朋友可能生病了，我要过去拜访他，看看能帮上什么忙。"

于是他便爬上了左边这座山，去探望他的老朋友。等他到了左边这座山的庙，看到他的老友之后大吃一惊，因为他的老友正在庙前打太极拳，一点也不像一个月没喝水的人。他很好奇地问："你已经一个月没有下山挑水了，难道你可以不用喝水吗？"

左边这座山的和尚说："来来来，我带你去看。"于是他带着右边那座山的和尚走到庙的后院，指着一口井说："这五年来，我每天做完功课后都会抽空挖这口井，即使有时很忙，能挖多少就算多少。如今终于让我挖出井水，我就不用再下山挑水，我可以有更多时间练我喜欢的太极拳了。"

假如你现在只是一名员工，那你现在领的薪水再多，那都是在挑水。我们需要做的就是把握下班后的时间，挖一口真正属于自己的井，这才是你要做的大事。当以后你年纪大了，体力拼不过年轻人了，还是有水喝，而且还会喝得很怡然自得。不积小流无以成江海，财富并不是一天两天就积累的，是坚持不懈的努力才能达到的。

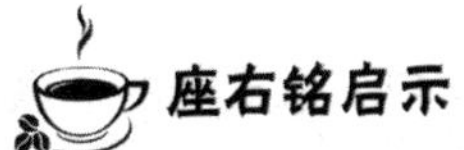

比尔·盖茨曾说：“如果只是把工作当做一件差事，或者只将目光停留在工作本身，那么即使是从事你最喜欢的工作，你依然无法持久地保持对工作的激情。但如果你把工作当做一项事业来看待，情况就会完全不同。”在现实生活中的我们，我们经常会听到有人抱怨自己的工作太过简单，太过平凡，太没有前途，每天都在愤愤不平，得过且过。殊不知，一个人连最简单的事情都做不好，又怎么会做出惊天动地的大事呢?

既要称职地做好工作，也要学会讨上司喜欢

假如你只是在称职地工作，那并不能如愿以偿地升职加薪。事实证明，如果你想升职加薪，那不仅需要做好自己的本职工作，还需要学会讨上司喜欢。经过一番调查显示：92%的管理人员认为，“偏爱”在员工提拔中起重要作用，84%的人认为，自己的公司中存在某人因受上司偏爱而获得提拔的现象；23%的人承认，自己偏爱某些下属；29%人说，他们最近的一次提拔只有一名候选人；96%的人表示，提拔对象是上司预先指定的某个人。这个调查结果显示，当上司在考虑为谁升职加薪的时候，偏爱确实是存在的，许多领域都不能做到完全以才能来选拔人才。

一户人家养了一条狗、一只猫。

狗是勤快的。每天，当主人家中无人时，狗便竖起两只耳朵，虎视眈眈地巡查在主人家的四周，哪怕有一丁点的动静，狗也要狂吠着疾奔过去，就像一名恪尽职守的警察，爱岗敬业地为主人家做着看家护院的工作。

每当主人家有人时，他的精力便稍稍放松了，有时还会伏地沉睡。于是，主人家每一个人的眼里，这只狗都是怠惰的，极不称职的，便也常常

不喂饱它，更别提奖赏它好吃的了。

猫是懒散的，每当家中无人时，便呼呼大睡，哪怕三五成群的老鼠在主人家中肆虐。睡好了，就四处散步，活动筋骨。等主人家中有人时，它的精神也养好了，这儿瞅瞅那儿望望，像一名恪尽职守的警察，时不时地，它还要去给主人舔舔脚、逗逗趣。在主人的眼中，这无疑是一只极勤快、极尽职守的猫。好吃的自然给了它。

因为猫的渎职，主人家的耗子越来越多。终于有一天，耗子将主人家唯一值钱的家当咬坏了，主人盛怒了。他招集家人说："你们看看，咱们家的猫这样勤快，耗子还猖獗到了这种境界，我认为一个主要的原因就是那只懒狗，它终日睡觉也不帮猫捉一只耗子。我宣布，将狗赶出家门，再养一只猫。大家看法如何？"家人纷纷附和说，这只狗是够懒的，每天只晓得睡觉，你看猫，天天多勤快，抓耗子吃得多胖，都有些走不动了。是该将狗赶走，再养一只猫。

于是，狗一步三回首地被赶出了家门。从头至尾，它也不清楚赶它走的原因。它只看到，那只肥猫在它身后藐视地窃笑着。

看了这个故事，我们可以唾弃猫，为狗鸣不平。但是，在现实生活中的我们该如何评判是非呢？仔细观察身边的生活，你是否也看见了有类似的情况呢。如果你想要活跃在职场，想要升职加薪，不仅仅要称职地做好工作，还需要学会讨"主人"喜欢。

座右铭启示

偏爱是人们交往的一种延伸，领导们喜欢提拔跟他们共度时间多的人。其实，偏爱是人类的一种本能，不管男女，都会有所偏爱。换而言之，就算你工作表现一流，但如果你只是坐在办公桌前，不跟同事和上司交流，你获得晋升的可能性会很小。对此，我们要尽可能地对老板忠诚，在努力工作的同时跟老板保持良好的关系。我们要成为一个不可或缺的人，要保证自己在某方面是最优秀的。失去你老板肯定会垂头丧气，你自然就是老板最喜欢的员工了。

一个人成功的最重要因素就是对工作的激情

我们应该明白，激情是人类意识的主流，能够促使一个人把思想付诸行动。对于我们来说，激情是不可缺少的，所有成功者都了解激情所发挥的心理作用，许多领导者以激情的态度投入到工作中去，目的在于鼓舞所有员工的士气，用激情感染那些员工，鼓舞他们努力工作。成功者告诉我们，一个人成功的因素很多，而居于这些因素之首的就是对工作的激情。

一个下着雨的下午，有位老妇人走进匹兹堡的一家百货公司，漫无目的地在公司内闲逛，很显然是一副不打算买东西的样子。这时，绝大多数的售货员只是瞟了她一眼，然后就自顾自地忙着整理货架上的商品，以避免这位老妇人麻烦自己。只有一位年轻男店员看到了那位闲逛的妇人，他立即主动地向她打招呼，很有礼貌地问她，是否有什么需要帮忙的。这位老太太对他说，自己只是进来躲雨的，并不打算买任何东西。那位年轻男店员说，他们同样欢迎她的到来。他主动地与她聊天，以显示自己欢迎的诚意。当老妇人离开的时候，年轻人还陪她到门口，替她把雨伞打开，那位老妇人向年轻人要了一张名片就走了。

不久后的一天，年轻人突然被公司老板召到办公室，老板向他出示了一封信，是那位老妇人写的。这位老妇人要求这家百货公司派一名销售员前往英格兰，代表该公司接下装潢一所豪华住宅的工作，这位老太太就是钢铁大王卡耐基的母亲。

在那封信里，卡耐基的母亲特别指定这名年轻人代表公司接受这项工作，当然，这项工作的交易额十分巨大。

案例中的年轻人得到晋升的机会，而他机会的获得与其对工作的激情是分不开的，他用自己的激情投入，为自己创造了机会。激情是一种动力，它会不断促使自己去开拓自己、成就自己。激情是一股不可抗拒的力量，足以克服一切障碍和不如意。激情是一种精神特质，它代表着一种积极工作的精神力量，当然，这样的力量是不稳定的。不同的人，激情程度与表达方式不一样；同一个人，在不同的情况下，激情程度与表达方式也不一样。总而言之，激情是每个人都具有的，只要善于利用，就可以使之转化为巨大的能量。

座右铭启示

我们应该坚信：激情是一个人迈向成功的无限动力。激情，为我们所做的每件事情都增添了火花与趣味，无论事情有多困难，我们都会以不急不躁的态度去完成。只要怀着满腹激情，任何人都会成功。查尔斯·史考伯曾说："对任何事都热忱的人，做任何事都会成功。"在日常生活中，即使自己失意了，我们也应该避免失败者的态度，不要认为自己失败了就再也没有办法重新获得成功。相反，我们应该重拾激情，怀着热忱的态度，鼓舞自己和家人，只有充满了激情和希望才能面对未来，最后才会赢得成功。

所有的成功将从热爱自己的本职工作开始

在西点军校，每一个西点人都拥有一颗敬业之心，离开西点之后，不管他们是身在军队，还是从事另外的工作，他们都明白，应该坚守自己的岗位，尽职尽责，热爱自己的本职工作。威廉·费尔波是耶鲁最著名而且深受欢迎的教授之一，他非常热爱自己的工作，曾经这样谈起自己的工作："对我来说，教书凌驾于一切技术或职业之上。如果有热忱这回事，这就是热忱了。我的爱好是教书，正如画家的爱好是绘画，歌手的爱好是唱歌，诗人的爱好是写诗。每天起床之前，我就兴奋地想着有关学生的事……人的一生之所以能够成功，最重要的因素是对自己每天的工作抱着热忱的态度。"

沃尔商业的创始人山姆·沃顿充分肯定热情在工作中的重要性，他要求公司的每一位员工都要热爱自己的本职工作。假如哪一位员工没有热情，那么就只能请他走人了。

当一位顾客走进沃尔商场时，他在30秒钟之内便能得到亲切的问候，即便商场职员都在为别的顾客服务。在这种情况下，职员通常会请正在接受服务的顾客原谅："对不起，我去跟那位顾客打个招呼请他稍等片刻，您不会介意吧？"这些话经常会得到顾客的体谅和好感。

在职员们问候完新到的顾客后，他通常会加上一句："感谢您的耐心，很快将会有人过来为您服务。"刚到的顾客和已到顾客都会感到非常满意，因为受到了热情的接待。

当然，沃尔商场的这种热情服务得到了回报，因为每一位职员都热爱自己的工作，在这里，每一位顾客都会感觉到自己是上帝。10年以前，美国最大的零售商、排名第一位的是西尔斯公司；第二位的是蒙哥马利中心；第三位是彭尼零售店。今天，西尔斯公司依然是世界上最大的零售商。

同样一份工作，由同一个人来干，是否热爱自己的工作，效果是截然不同的。热爱自己的工作，会让员工本人变得十分有活力，工作干得有声有色，创造出许多辉煌的成绩；而不热爱自己的工作，则会让员工变得懒散，对工作冷漠处之，当然就不会有什么出色业绩，也会影响员工潜在能力的发挥。

座右铭启示

成功者告诉我们：所有的成功将从热爱自己的本职工作开始。有人曾做过一项调查：在现实的工作中，有82%的人把工作当做苦役，迫不及待地想要摆脱工作的枷锁。剩下的18%中也并不是都喜欢工作的，大多数还抱着一种无所谓的态度，只有少数的2%的员工，是真心地为工作付出全部热情，当然，这少数的职员才是公司里真正的精英。当我们在工作中遭遇挫折或失败的时候，我们总喜欢以外界的理由去为自己开脱，比如竞争太过激烈等，很少会仔细地审视一下自己，自己是否热爱本职工作。如果你只是无精打采地上班，磨磨蹭蹭地工作，那只会让老板下定辞退你的决心。

最愉快的工作是人们忙于工作

哲人认为一个人的成功与他是否勤勉是有重要关系的。如果一个人是勤奋的，那么他就拥有了成功的机会；如果一个人是懒惰的，那么他就几乎无法成功。他们通常认为，勤勉和成功是相辅相成的，经常会有很多人因为自己的勤勉而成功，但却很少有人因为懒惰而成功。虽然你的勤劳并不一定会给你带来成功，但是无论如何，每个人都要辛勤工作，因为这是走向成功的最基本的条件。

哈德良皇帝看见一个老人正在努力工作，他在种植无花果树。于是，他问老人道："你是否期望自己能够享受果实呢？"

老人回答说："如果我不能活到吃无花果的时候，我的孩子们也将会吃到。或许上帝会因此特赦我。"

"如果你能够得到上帝的特赦，吃到这棵树的果实，那就请你告诉我。"皇帝对他说。

随着时间的逝去，果树果然在老人的有生之年结出了果实，老人装了满满一篮子无花果去见皇帝。见到皇帝，他说："我就是你看见过的那个种无花果树的老人，现在无花果成熟了，这些无花果是我的劳动成果。"

皇帝命他坐在金椅子上，把他的篮子里装满了黄金。可皇帝身边的仆人表示反对："您想给一个老犹太人那么多荣誉吗？"

皇帝回答说："造物主给勤劳的人以荣誉，难道我就不能做同样的事吗？"

皇帝说的很对，上帝和人们通常都是把奖赏给那些勤勉的人。因为老人的勤劳，所以他得到了上帝的特赦，在自己的有生之年吃到了无花果。在"西点人"看来，懒惰将会使一个人一事无成，所以他们选择了勤勉，只有勤勉的人才会尝到胜利的果实。

哲人这样劝告世人："最难受的工作是无所事事，最愉快的工作是人们忙于工作”。大多数成功者崇尚工作，他们十分讨厌整天无所事事，到处游走，那是他们觉得很难受的事情，而整天勤勉甚至紧张的工作才是他们所喜欢的。成功者的生存之法就是培养自己勤勉的习惯，因为这是成功的关键。

座右铭启示

韩愈也曾经说：“业精于勤荒于嬉，行成于思毁于随。”一个人要想成就一番事业，一定要守住“勤”字，戒掉“惰”字。面对你的生活或者事业，你用什么样的态度来付出，就会得到相应的回报。如果你以勤付出，回报你的，也必将是丰厚的硕果。相反，那些懒惰的人，生活是不会赐予他任何东西的。懒惰的人是思想上的巨人，行动上的矮子。如果你懒惰地面对你的人生，那么其实就是把自己的生命一点点送入虚无。一个成功的人，是不会让懒惰有任何机会的。每个人都要时刻提醒自己：“成事在勤，谋事忌惰”。

第 4 章

成功绝非偶然，你需要每天比别人多走一步

一个人在成长的道路上没有什么捷径，只有踏踏实实地努力，勤勤恳恳地付出，甚至比别人付出更多的辛劳和汗水。每天比别人多走一步，才可以走向成功，才有可能到达成功的彼岸。

想收获黄金人生，请从一点一滴的好习惯做起

人生就是一个求生存、求繁衍、求发展的漫长过程，在这个过程中，不但要满足日常衣食住行的需要，还需要逐步提高物质生活和精神生活水平，这就决定了我们终其一生几乎是离不开钱的。但钱从哪里来呢？俗话说："君子爱财，取之有道；君子爱财，更当治之有道。"这里所说的"取"就是挣钱，而"治"就是理财。如何理财呢？哲人说：习惯会决定你一生的命运。假如我们从小就养成了勤俭节约的理财好习惯，那长大后我们所收获的将是黄金般的人生。

石油大王约翰·洛克菲勒，是美国十九世纪的三大富翁之一。

洛克菲勒享年98岁，他一生至少赚进了10亿美元，光捐出的善款就有7.5亿美元，但他平时花钱却十分节俭。

有一次，他下班想搭公车回家，但发现缺了1美元，他就向秘书借，并说："你一定要提醒我还，免得我忘了。"

秘书说："请别介意，一美元算不了什么。"洛克菲勒听了一本正经地说："你怎能说算不了什么，把一美元存在银行里，要整整10年才有一美元的利息啊！"

据此，理财大师洛克菲勒告诉我们：假如你想积累巨额的财富，需要从砖头般的一元钱攒起；假如你想收获黄金般的精彩人生，那就请从一点一滴的好习惯做起，这就是习惯决定命运。有时候你可以问自己：为什么你是穷人？这时你就应该检查自己的习惯：你是否平时有大手大脚花钱的习惯？你是否从来不把一毛钱当钱？

一个英国人和一个犹太人一同去找工作，一天，他们同时看到有一枚硬币躺在地上，英国青年看也不看就走了过去，犹太青年却激动地将它捡了起来。

两个人同时走进一家公司，公司很小，工作很累，工资也很低，英国

青年不屑一顾地走了，犹太青年却高兴地留了下来。

两年后，两人在街上相遇，犹太青年已经成了老板，而英国青年还在寻找工作。

有时候，好的理财习惯就是从一枚硬币开始的。在上面这个故事中，英国青年并非不需要钱，可他眼睛盯着的是大钱而不是小钱，所以他的钱总是在“明天”。事业的积累是从“每一个硬币”开始的，任何一种成功都是从一点一滴积累起来的。

有的人看上去很幸运，对他而言，他只不过做了一件他认为很平常的事情，而正因为这件很平常的事却给他的命运带来不平常的改变，那他以后的生活就会像扬帆之船一样乘风破浪直闯天际。在人生的旅途中，一种好的习惯会使我们的命运处处充满奇迹，它像风帆一样控制着各自命运的方向，我们也许无法选择命运，但却可以改变命运，拥有了好习惯，就拥有了改变命运的工具。

座右铭启示

心理学家说：“播下一个行动，你将收获一种习惯；播下一种习惯，你将收获一种性格；播下一种性格，你将收获一种命运。”良好的行为习惯并不是天生的，完全可以通过后天来培养。昨日的习惯，已经造就了今日的我们。今日的习惯，则决定明天的我们，让我们从现在开始，从今天做起，培养良好的理财习惯，这样才能创造辉煌的未来。

孔子说：“少成若天性，习惯如自然。”小的时候养成的习惯就会像人的天性一样自然、坚固，甚至说就变成你的天性了。以至于你日后所取得的成功，创造的奇迹，很多方面都是由小时候形成的习惯所支撑的。习惯是一种多么顽强的力量，它可以主宰人的一生。所以，我们从小就应该建立一种好习惯，并持之以恒地践行。

只有不倒下，才有取胜的可能

只有不倒下，我们才有取胜的可能。如果经不起挫折，受不了历练，我们将沉埋在痛苦的生活里，永远没有希望，也没有前进的方向。其实，挫折带来的并不全是坏事，它能使我们的人生绽放出最美丽的成功之花，而从挫折中汲取的教训将是我们迈向成功的垫脚石。有人曾说："挫折就像是一块石头，对于弱者来说，它是一块绊脚石，让你却步不前；对于强者来说，它是一块垫脚石，让你望得更远。"当生活的华丽褪去，我们赫然发现：生活就是一块不平坦的磨刀石，我们每个人都必须经过它的打磨。这是因为，挫折造就了生活。

1950年，弗洛伦丝·查德威克因是第一个成功横渡英吉利海峡的女性而闻名于世。两年后，她从卡德林那岛出发游向加利福尼亚海滩，想再创一项前无古人的纪录。

那天，海面浓雾弥漫，海水冰冷刺骨。在游了漫长的十六个小时之后，她的嘴唇已冻得发紫，全身筋疲力尽，一阵阵战栗。她抬头眺望远方，只见眼前雾气茫茫，仿佛陆地离她还十分遥远。

"看来这一次无法游完全程了"。她这样想着，身体立刻就瘫软下来，甚至连再划一下水的力气都没有了。

"把我拖上去吧！"她对陪伴着她的小艇上的人说。

"咬咬牙，再坚持一下。只剩一英里远了。"艇上的人鼓励她。

"别骗我，如果只剩一英里，我就应该能看到海岸，把我拖上去，快，把我拖上去！"于是，浑身瑟瑟发抖的查德威克被拖上了小艇。

小艇开足马力向前驶去。就在她裹紧毯子喝了一杯热汤的工夫，褐色的海岸线就从浓雾中显现出来，她甚至都能隐隐约约地看到海滩上欢呼的人群。

此时，她才知道，艇上的人并没有骗她，她距离成功确确实实只有一英里！她仰天长叹，懊悔自己没能咬咬牙再坚持一下。

俗话说：“行百里者半九十。”最后的那段路往往是一道难越的门槛，因为在我们历尽艰辛，心力交瘁的时候，即使一个小小的变故或者障碍也可能把我们击倒。这个时候，意志就显得至关重要。一位拳手曾经说：“在受到对手猛烈重击的情况下，倒下是一种解脱，或者说是一种诱惑。每当这时候，我就在心里对自己叫喊：挺住，再坚持一下！因为只有我不倒下，才有取胜的可能，胜利往往来自于‘再坚持一下’的努力之中。”

座右铭启示

没有经历过生活，自然不会理解生活的艰辛；没有真正地经历过挫折，自然不懂得选择快乐的角度。挫折一旦来临，就想要逃避这个世界，这本是一种不负责任的做法。古人云：“百糖尝尽方谈甜，百盐尝尽才懂咸。”只有真正经历了生活而不倒下的人，他们才能放眼望世界，因为生活在挫折的打磨下会变得多姿多彩。

多数人没有达成目标，就在于不能坚持

所有的成功者最初都是从一个小小的目标开始奋斗的，一旦拥有了目标，你就会产生无穷的力量。你拥有一个什么样的人生，全在于你持有一个怎样的目标，对于我们来说，最重要的就是要确立目标，迎着目标向前走。而多数人没有达成目标，就在于不能坚持。在我们人生的旅途中，常常会遭遇到各种困难与挫折，但是，请不要轻易地放弃。其实，人生就如沙漠，而苹果就是我们的信念与目标，在追求目标的过程中，遇到了困难要努力坚持，因为目标与信念可以战胜一切的恐惧。在追寻目标的过程中，我们既需要有危机意识，更需要有坚定的信念，只有这样我们才能稳

步前进，最后达到自己的人生目标。

邻居有个胖太太，每天都听见她说要减肥。但是她的饭量仍比别人大，睡觉的时间仍比别人长。让她做些家务，她说太辛苦了；提醒她应该做运动，她嫌太劳累了；邀她一起到公园慢跑，她又怕晒太阳、又怕流汗。

有一天，胖太太站在磅秤上，低头看到停在七十公斤的指针，不禁大吃一惊。那天她狠下心，一整天只吃一点点东西，油盐甜腻皆不入口。接着，她迅速到体育用品店购买了全套的运动服，拼命又跑又跳。从第二天起，她开始了少吃多运动的生活习惯。

大家都以为这一次她肯定能减肥成功。第三天，她很有信心地继续着她的计划。一个星期后，她充满信心地又站上了那个令她心跳加速的磅秤。然而，当发现指针仍固执地指在七十公斤时，胖太太像被扎破的皮球一样很快就泄气了。

她认为自己上当了。自己不是没尝试过，也不是没努力过，但却没看到成绩。她生气了，失望透顶的她又一次放弃了减肥计划。从第八天起，绝望的她又恢复了以前的生活方式——大吃大喝，想睡就睡，运动服也束之高阁。于是，胖太太越来越胖，现在已经到75公斤了。

许多人没有达成自己的目标，就在于不能坚持。其实，成功最忌讳的就是一曝十寒，这不是说方法是错误的，而是你做事的态度出了问题。或许，你再坚持下去，不远处就是成功。

座右铭启示

完成既定目标，提高自己的工作效率的要义在于立即行动，每天早上要做的第一件事情，就是对你来说最重要的那件事情，并使之成为一种习惯。这样时间久了，你就会坚持多一点。通过大量的研究表明，那些成功人士身上最显著的共性是“说做就做”。一旦他们有了明确的目标，就会立即展开行动，一心一意、持之以恒地完成这项工作，直到达成目标为止。

只要稍稍地转变一下角度，事情就会有所不同

卡耐基说，有时候当我们认为已经失去的时候，只要转个弯，你会发现失去其实是一种收获。很多事情，只要稍稍地转变一下角度，事情就会有所不同。事实上，每一次成功的选择都伴随着智慧，缺乏思考的选择只会让我们失去更多。有时候，事情并没有改变，只需改变我们的思维，结果也会随之改变。

有一天，智者和学生一起散步，他们边走边谈论着，不知不觉间，走到一个贫穷落后的地区，路过一所破烂的房子，看见里面住着一对夫妇和他们的三个孩子，一家人衣衫褴褛，光着脚板，连鞋子都没有，屋里只有几件破家具。智者问那位父亲："你们为什么要在这个既无商业又没有工作机会的贫困地区生存呢？"男人回答："家里有一头小奶牛，可以生产一些牛奶，然后，我们在附近的城镇用牛奶换一些其他的食品，我们将剩下的牛奶制作成奶酪和酸奶，我们就是依靠着那头小奶牛生活的。"智者笑了笑，看了看房子四周，就带着学生离开了。

智者走着走着，忽然告诉学生："我必须回去，找到那头奶牛，并把它扔下悬崖。"学生听了很吃惊，试图说服老师这是一个错误，他说："那一定会毁掉那个可怜的家庭。"智者却不为所动，而是独自离开。学生想了想，还是追上了老师，并帮助老师将奶牛扔下了悬崖，但是，那个画面却让他身心难安。

几年过去了，学生还是没有忘记这件事，他决定出去看一看，或许自己能帮助那家人做点什么，以此抵偿自己当年造成的过失。他走进那个地区，却惊讶地发现一切都变了，到处都是一片富裕景象。学生感到很沮丧，那家人一定在丢失奶牛以后，被迫离开了自己的家园，这里早已经易主了。学生继续走着，看见原来那间破房子所在的地方矗立着一座气派的楼房。突然，他看见了一个面熟的男人站在门口。学生认出来了，那就是

当年的父亲。学生感到很吃惊："你们是怎么摆脱困境的？"男人说："几年前，我们家唯一的奶牛突然不见了，刚开始我们很震惊，但无奈之下我们只能去发展新技能，谋求新的生存方式，最后，我们就逐渐富裕了起来。"接着，男人又笑着说："现在看来，丢失那头奶牛是我们家最大的幸事，失去了奶牛，但我们却获得了更多。"

假如你转变一下角度，你会发现失去并不是一种遗憾，而是新的开始。在徘徊的十字路口，失去了某种东西，我们才能有更好的选择，而改变与奇迹才能出现，这样看来，失去恰恰是成功的开始。在生活中，到处充满了选择，有选择就意味着面临得与失，这是必然的结果。要想有所获得，我们就需要失去某种东西，如果什么都不想失去，那我们将永远也没有收获。

座右铭启示

人生就像花朵，有时开，有时败，有时候沐浴阳光，有时候经历风雨。其实，人生就是这样，无论你处于什么样的境地，换个角度看问题，你就会发现我们打开了心灵的另一扇窗户，你会发现人生是美好的，而我们所遭遇的那些根本算不了什么。人生之路本就是一条曲折之路，当我们被绊倒的时候，应换个角度看问题，打开心灵的另一扇窗，以一种积极、乐观的态度去面对人生中的一切。

失去不一定是损失，也可能是获得

哲人说："错过花，你将收获雨。"在人生道路上，失去某种东西对于我们来说可能是一种遗憾，然而，这却是对人生的另一种体验，这样想来，失去何尝不是一种获得呢？学会选择，懂得在失去中寻找，在失去中体验，在失去中获得，这样，会让我们的内心更加丰富和充实，难道这不是一种收获吗？即使是同样一件事情，不同的选择，有的人会觉得这是一种失去，而有的人则会觉得这就是一种收获。之所以产生这样的差别，是因为我们的思考有所不同。

在每年的七八月份，北极地区的冰雪开始大面积融化，气温也逐渐开始回升，出现短暂的春天景象，十分美丽。但是，随着气温的升高，也开始出现了大量的蚊虫，另外由于当地物种稀少，那些饥饿的蚊虫就会飞到人们聚居的地方，吸食人们的血液来维持自己的生命。让人感到奇怪的是，当地的居民却对这些嗡嗡乱叫的蚊虫十分仁慈，从来不轻易伤害它们。有的游客会拿出杀虫剂喷洒，还会被当地居民所制止。这是为什么呢？

原来，一种被称为驯鹿的动物是当地居民过冬的主要肉质来源。可是，在天气比较暖和的时候，大批的驯鹿会自发成群结队地向低纬地区迁移，因为那里有大量的水草，如果没有人驱赶它们，它们就不愿意在严寒到来的时候准时回来。但是，在北极地区，如果你想靠人力来驱赶，这根本是不可能的事情。这时候，那些讨人厌的蚊虫就显示了它们的威力，天气开始降温，蚊虫就会飞到低纬地区逃命，自然会与驯鹿不期而遇。那些吸食血液的蚊虫是驯鹿无法抵御的天敌，而那边的气候还不适宜生存，所以那些驯鹿走投无路之下只能往回走。这一下，正好钻进了人们事先已经设计好的陷阱里。

聪明的印第安人掌握了自然界物物相克的规律，所以甘愿忍受蚊虫吸食的痛苦，来求得长远的利益。在他们看来，眼前的得失并不需要挂在心上，那些长远的考虑才是智慧者的生存之道。所以，在那些被蚊虫吸食的痛苦日子里，印第安人并没有过多的埋怨，而是保持着一份乐观豁达的胸怀，因为他们知道有了蚊虫的存在，这个冬天就不用愁食物了。

在高速行驶的火车上，一个老人不小心把刚买的新鞋从窗口掉出去了一只。

周围的人备感惋惜，不料那老人立即把第二只鞋也从窗口扔了下去。

老人的想法是：这一只鞋无论多么昂贵，对自己而言都没有用了，如果有谁能捡到一双鞋子，说不定他还能穿呢！

“与其抱残守缺，不如就地放弃。”很多时候，事物的价值并不在于谁占有，而在于如何占有。对于世界万事万物而言，一切都是暂时的，一切都会消逝，让暂时的失去变得可爱。最后你会发现，失去并不一定是损失，也可能是一种获得。

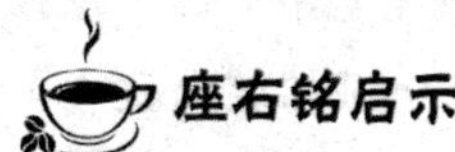

座右铭启示

在人生的道路上，有着太多的得，也有太多的失，许多人一直都在计较着得与失，所以，每一天都在抱怨、懊悔中度过，在他们漫漫人生之中，没有哪一天是真正的快乐。无声的年华岁月将我们带走，看尽了繁华落尽，我们才会感叹：这一路走来，自己竟然忽视了那么多的美好风景，以前只是拼了命地计较得失，到现在已经没有什么可失去的了，但也从来没有得到过什么。其实，面对失去，只要我们学会转变思维角度，你就会发现这其实是一种获得。

失败一次，就向成功靠近一步

人生从来不可能一帆风顺，因为各种挫折、困难都会出现在我们的人生里。在这个世界上，没有一如既往的顺利，只有磕磕绊绊的成功。在前进的路途中，暴风雨总会不期而至，而只有把握好船舵才能达到成功的彼岸。所谓“宝剑锋从磨砺出，梅花香自苦寒来”，人生其实就是一个不断磨炼自己的过程。只有当你从不断的失败中吸取经验教训，不断让自己成长，你才能取得最后的成功。人也只有在坎坷中才能不断地去完善自我，充实自己，才能更好地主宰自己的人生方向。人生本没有一如既往的顺利，只有披荆斩棘才能不断前进；人生没有永远的成功，只有在挫折中站起来才是真正的成功。

小时候，妈妈总是这样说：“你能做到，玫琳凯，你一定能做到。”

对于每一位年轻人来说，最为重要的是懂得“你不可能每件事都能成功”。在失败的时候，母亲总是鼓励玫琳凯展望未来：“你绝不可能每一次都是最棒的，接受失败，学会如何从失败中吸取教训，你才能继续前进。”面对失败，不要生气，玫琳凯女士不仅将妈妈的话作为自己的座右铭，而且将它作为公司的理念来激励更多的女性。玫琳凯坦言，自己创建公司是在遇到了一些挫折之后才真正的开始。

玫琳凯说：“我建立公司时的设想是想让所有女性都能够获得她们所期望的成功，这扇门为那些愿意付出并有勇气实现梦想的女性带来了无限的机会。”然而，在创业之初，她就经历了失败，玫琳凯用5000美元建立了“美梦公司”，自己包装产品，贴标签，在标签上写着：“玫琳凯化妆品”。但是，就在公司开张一个月的时候，丈夫因心脏病发作不幸去世，同时，律师警告她，经营化妆品公司的失败率极高，但是，玫琳凯仍决定再试一次。一路走来，她也经历不少挫折，但是，玫琳凯从来不灰心、不泄气。

有一句很受玫琳凯推崇的话是：“失败一次，就向成功靠近一步。”那些成功者绝不会害怕所面临的失败，也从来不畏惧尝试再次成功。玫琳凯经常对公司员工说：“如果比较一下我们的双膝，你们会看到我膝上的伤疤比在场的任何一个人都要多，这是因为我一生中有过无数次摔倒再站起的经历。”其实，把人生的每一次失败都当做尝试，不要总想着顺顺利利地成功，不要埋怨，接受每一次失败，并从中吸取教训，这样我们才会在成功的路上走得更远。

座右铭启示

有人说：“每个人都没有你想象中的那么幸福，而成功的人，更有你想象不到的曾经痛苦的经历。”“不经历风雨，怎么能见彩虹，没有人能随随便便成功。”其实，世间万事皆是如此，如果你想成功，你就必须要比别人吃更多的苦，付出更多的努力。“一份付出一份收获，未必；九份付出一份收获，一定”！为了自己心中的目标，你就要付出加倍的努力。成功是给予那些勇于付出、甘于吃苦的人。当你此刻在享受生活的时候，未来的成功者却在痛苦地挣扎着，这就是平庸者与成功者的区别。

对你的每一次选择负责，就是对你的人生负责

由于人类对自己的未来无法把握，他们容易产生患得患失的心理，一个人无法把握自己往往是因为对自己不够了解。因为看不清自己，所以在做选择的时候常常遭遇两难的境地，不知道选择这个还是选择那个。人生的选择题并不是数学题，没有标准的答案，即便有许多人告诉你一个相同的答案，那个答案也未必是对的，因为你是你，别人是别人，别人的经验是他们通过自己的经历获得而来的，对于我们自身，并不一定同样适用。所以，最好的办法就是去勇敢地尝试你自己所做的选择，对自己的每一次选择负责，就是对你的人生负责。

春天到了，园丁听到两粒种子躺在土壤里的对话。

第一粒种子说："我要努力拱出地面，并且将根深深扎入土壤；我要出人头地，让自己在大自然中迎风摇摆，大声歌唱生命的高贵。虽然最终我会有秋天枯萎，但我的一生会活得很充实。"

第二粒种子说"我没你那么勇敢。如果我用力向地面上钻，这会伤到我脆弱的茎心；如果我向土壤里深深扎根，可能会碰到坚硬的石头；如果幼芽长出，会被昆虫吃掉；我若开花结果，只怕小孩子会将我连根拔起。我看我还是待在土壤里面最安全。长出来也没什么意思，反正最终都会死的。"

园丁听完两粒种子的对话后，对第一粒种子充满信心，他辛勤护理，使其茁壮生长；对第二粒种子却失去信心，疏于管理，最后第二粒种子刚露出地面就逐渐枯萎了。

其实，你有没有发现我们就是园丁，两粒种子代表了我们两种选择，两种心态。假如你充满自信和勇气，就会像第一颗种子那样，在有限的生命里尽情享受人世间的快乐；假如你缺乏自信和勇气，你就会像第二颗种子那样渐渐老去，直至枯萎。人生是一次无法回头的旅行，不敢冒险其实

就是最大的风险，这只会让危险快速到来，相信自己，要对自己的未来充满热情，永远不做随随便便的妥协。所以，在漫长的人生旅途中，我们要对自己的每一次选择负责，要对自己的人生负责。

座右铭启示

在人生的不断实践中，你才会逐渐地了解自己，你才会知道自己到底想要什么样的生活，到底什么样的人生才是适合自己的。而当我们面临每一次选择时，最起码的一个标准就是对自己负责，一个对自己都不负责的人，怎么指望他对别人负责？对自己负责，就是对自己的一切行为负责，就是对自己所做的选择负责，为此承担一切后果。只有对自己的选择负责，你才不会在发现这个选择并不适合你的时候悔恨懊恼，因为这是你自己做的决定，这是你自己的人生，即便最后你发现这并不是一个好的选择，至少它很好地让你认清了自己。而认清自己，进而也可以做出更好的选择，你才会拥有更好的人生。

第 5 章

幸福就是不让悲伤感染，而让快乐永驻心间

哲人说：“快乐没有父亲，没有一个快乐曾经向前一个学习，它死去，没有继嗣。而悲哀却有悠久的传统，从眼传到眼，从心传到心。”在人生的旅途中，假如遇到了令自己悲哀难过的事情，停下来，抬头看看阳光，让快乐照进你的心田。

坚强中随遇而安，平凡中感悟快乐

生活越来越富裕，收入越来越高，人们却感觉不到快乐，这是为什么呢？因为人们常常被“快乐的假象”所蒙蔽。本·沙哈尔说：“我们所处的社会环境和文化背景是这样的：假如孩子成绩全优，家长就会给奖励；如果员工工作出色，老板就会发奖金。人们习惯性地去关注下一个目标，而常常忽略了眼前的事情，最后，导致终生的盲目追求。”其实，我们生活的过程就是一个营造快乐的过程。快乐是什么呢？就是真实、快乐地活在当下，它看起来更像是一种生命的精神状态。而在实际生活中，许多人离成功越来越近，却越来越迷茫，忍不住问自己“难道这就是我穷其一生所追求的吗？”于是，越来越多的人生活在快乐的假象里，他们模糊了快乐的真相。

已经是三伏天了，庙堂前的草地上仍然是一片枯黄。

小和尚说：“师父，快撒点草籽吧，这草地多难看哪！”师父赞许地看着小和尚说：“好啊！等天凉了，随时吧！”

中秋，师父买了包草籽教小和尚去种。在阵阵秋风的吹动下，草籽边撒边飘……小和尚急得喊了起来：“师父，不好了！许多草籽都让风给吹走了！”

师父不动声色地说：“嗯，没关系。吹走的多半是空的，撒下去也发不了芽儿。随性吧。”种子刚刚撒完，就引来了一群麻雀。小和尚急得直跺脚：“坏了，坏了！草籽都让麻雀给吃了。这，这可怎么办啊？”师父和颜悦色地说：“别急，种子多，吃不完，随遇吧。”

播种那天夜里，忽然下了一阵暴雨。清晨，小和尚到院里一看，就三步并做两步地冲进禅房：“师父，这下可完了！草籽都让雨水给冲走了！”师父毫不介意地说：“冲到哪里就会在哪里发芽儿，随缘吧。”

七八天过去了，枯黄的草地上居然长出了一片青翠可人的绿茵！原先没有播种的地方竟也泛出了绿意。

小和尚高兴得直拍手：“好看！太好了！”师父眯起笑眼，慢慢地点着头说：“随喜，随喜！”

像这位师父所说：“随时，随性，随遇，随缘，随喜。”生活就是这样，我们千万不要把生活定格在某一个特定的时间、空间成标准上。面对生活中的琐碎事情，学会在平凡中领悟快乐，在坚强中随遇而安。当你学会不去计较生活的不快，你就能收获幸福和喜悦。

座右铭启示

叔本华曾说过：“我们很少想到自己拥有什么，却总是想着自己还缺少什么！不要感慨你失去或是尚未得到的事物，你应该珍惜你已经拥有的一切。”我们总是陷入这样一个误区，自己只要实现了某些目标，诸如财富、地位，那么我们就会幸福，其实，这只是一种快乐的“假象”。当你实现了目标之后，你会获得暂时的快感，但是，这样的快乐却难以持久。

我们常常忘记了活在当下，忘记了放慢脚步，忘记了应该留一些时间给自己，以倾听内心的声音。快乐，就是对此时此刻的自己多一些积极的肯定，接受现在的自己，不要忽略现在所拥有的，同时，简化自己的生活，不要试图去追求更多，与其把希望寄托于未来，不如尽情享受当下拥有的幸福。

明天的烦恼，今天是无法解决的

古人云：“生于忧患，死于安乐。”这是试图告诉我们，只有心存忧患才能使人发展，安逸享乐则会使人萎靡死亡。可是，如果我们总是没完没了地考虑明天，内心时刻存在一种忧患意识，那么，我们如何活在当下呢？虽然，人们常说“防患于未然”，但是，如果一个人对未来过度地焦虑和担忧，时间久了，就会变成一种心理负担，整个人都被笼罩在消极情绪之下。这样一来，极有可能导致的结果是，以后的每一天我们都将生活在忧虑之中，阳光照射不进我们的生活。对未来生活的焦虑和恐惧，成为了现代人普遍的一种心理，即使人们当下的生活过得很不错，但是，他们也会不自主地担心未来的生活，总是没完没了地考虑明天会怎么样。因此，为了有效控制自己的情绪，不要总是没完没了地考虑明天，不妨尽心做好当下的自己吧！因为明天的烦恼，今天是没办法解决的。

有一位年轻人，他总觉得自己好像生病了。于是，他就去图书馆借了一本医学手册，想看看自己到底得了什么病，他先看了癌症的介绍，突然，他意识到自己患癌症已经好几个月了，顿时，他被吓住了。后来，他想知道自己还患了什么病，就依次读完了整本医学手册，一下子明白了，除了膝盖积水症以外，在自己身上什么病都有。当他走出图书馆的时候，完全变成了一个全身都有病的老头。

年轻人决定去找医生。见到了医生，他说："医生，我不给你讲我有哪些病，只说我没有什么病，看来，我已经活不长久了，除了没患膝盖积水症，其余什么病我都有。"医生给他做了诊断，然后开了一张处方。年轻人顾不得看，就马上塞进口袋，立即跑往药店。到了那里，年轻人匆匆把处方递给药剂师，谁知，药剂师看了一眼，就退给他说："这是药店，不是食品店，也不是饭店。"年轻人惊讶地接过处方一看，上面写着：煎牛排一份，啤酒一瓶，6个小时一次；10英里的路程，每天早上走一次。年轻人照做了，最后，他一直健康地活到了现在。

对未来担忧太多，以至于年轻人怀疑自己生病了，结果，经过医生诊断，他什么病都没有，有的只是心病。现代社会，人们越来越焦虑，在他们内心隐藏着一种未知的恐惧，担忧自己的生存状况，担忧明天。

座右铭启示

有一位成功人士毫不忌讳自己的焦虑："现在我的公司刚刚上市，一切都在起步阶段，许多人恭贺我的成功，为此，我却感到忧心忡忡，未来的种种困难将在某个阶段等着我。同时，每天外出应酬，常常喝酒，自己的身体每况愈下，对于明天，我真的十分焦虑，害怕它的到来，更害怕随之而来的无限的挫折和挑战。”其实，即使再焦虑，我们也不能改变未知的明天，不妨调整好自己的情绪，以坦然的心境来面对今天，尽心尽力做好自己，不要去过多地考虑明天的烦恼。

放弃追逐繁复的完美，张开双臂拥抱简单的快乐

威廉·詹姆斯说：“世界精神太忙碌于现实，太驰骛于外界，而不遑回到内心，转回自身，以徜徉自怡于自己原有的家园中。”追求完美，似乎是每一个人的梦想，在生活中，人们总是在追逐繁复的完美，在这样追逐的过程中，无数的烦恼困扰着他们，如愤怒、生气这样一些消极情绪常常围绕着他们。或许，在任何人的心中，完美都是一座宝塔，我们可以在内心里向往它、塑造它、赞美它，但是，我们却不能把它当作一种现实存在，否则这样只会让我们陷入无法自拔的矛盾之中。一个人不能在自我怜悯中空虚地度日，最重要的是，我们应该珍惜眼前的幸福。智者说：“追求完美是人类正常的渴求，同时，也是人类最大的悲哀。”对于我们来说，应该放弃追逐繁复的完美，张开自己的双臂，拥抱最简单的快乐。

一个失意的人找到了智者，他向智者诉说着自己的遭遇和无奈，哀叹道：“为什么在我的生命里总是找不到绝对的完美呢？”智者沉思了许久，问道：“可能是你自己对这个世界苛责太多，所以，烦恼才会找到你。”说完，智者舀起了一瓢水，问失意者：“这水是什么形状？”失意者摇摇头：“水哪有什么形状？”智者不语，只是将水倒入了杯中，失意者恍然大悟：“我知道了，水的形状像杯子。”智者没有说话，又把杯子里的水倒入了旁边的花瓶，失意者悟道：“我知道了，水的形状像花瓶。”智者摇摇头，轻轻拿起了花瓶，把水倒入了盛满沙土的盆里，水一下子渗进了沙土，不见了。智者低头抓起了一把沙土，叹道：“看，水就这么消逝了，这也是人的一生。”失意者陷入了沉思，许久才说道：“我

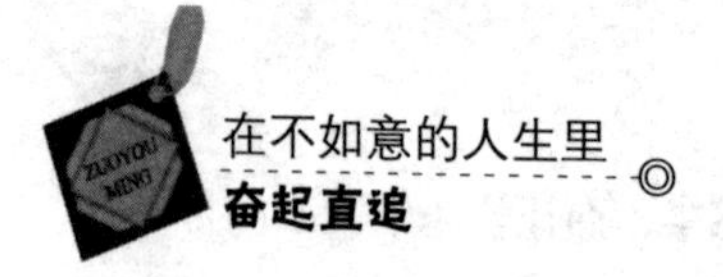

知道了，你是通过水来告诉我，社会处处就像是一个个不规则的容器，人应该像水一样，盛进什么样的容器就成为什么形状的人。”

智者微笑着说：“是这样，也不是这样，许多人都忘记了一个词语，那就是滴水穿石。”失意者大悟：“我明白了，人可能被装于规则的容器，但也能像这小小的水滴，滴穿坚硬的石头，我们要像水一样，能屈能伸，不能要求多么规则的容器，而是需要做到既能尽力适应环境，也要保持本色，活出自我。”智者点点头，说道：“当你放下了心中的苛求，你会发现，任何事物都是完美的，自然，你也就获得了久违的快乐。”

阿法朗诗说：“我坚持我的不完美，它是我生命的真实本质。”生活的快乐在于简单，生命的美丽在于真实，纵然有诸多缺憾，但是，它却是无法复制的无与伦比的美丽。日常生活中，我们没有必要苦苦苛求自己，没有必要去凡事要求完美，因为美丽的事物终究伴随着缺憾，只要足够真实，我们的生活一定会释放出最简单的快乐。

座右铭启示

追逐完美，本身就是一种苛刻的生活态度，为了达到心中完美的目的，人们苛责自己、苛责他人，苛责一切的人和事。在现实生活中，所谓的“完美”终究伴随着缺憾，即使自己努力苛求，那些人和事依然达不到绝对的完美，最终，我们只能生气、愤怒。在这个世界上，本来就没有绝对完美的事物，如果我们一味地将追求完美的枷锁一层一层地套在身上，那么，最终，我们也会死在这重重的重压之中。踏上人生的道路，我们永远不要背负着“完美”的包袱，否则，我们将永远陷入无法自拔的烦恼之中，最后，我们也只能在哀叹中了却此生。每个人的一生中总会经历不同的坎坷或挫折，没有一个人可以保证他就是完美无缺的。上帝对于每个人都是公平的，他给予了你一样东西，肯定会拿走另一样东西，你如何去看待生命里的缺憾就显得更为关键。

生气是用别人的错误来惩罚自己

德国哲学家康德曾说："发怒，是用别人的错误来惩罚自己。"或许，别人犯了错误是应该受到惩罚，但并非一定要通过自己的生气来实现，而且，生气并不能达到惩罚他人的目的。既然错误在于别人，自己为什么要生气呢？难道自己发了很大的脾气，对方就能受到惩罚吗？结果恰恰相反，气得大哭，红肿的是自己的眼睛；气得一个人喝闷酒，伤害的是自己的身体；气得丧失理性，疯狂购物，挥霍的是自己的钱财。其实，这都是对自己的惩罚。而且，生气非但解决不了问题，反而会把问题弄得更加复杂。所以，面对他人有意或无意造成的错误，请学会释然，这样，生活的天空就会时常出现美丽的彩虹。

从前，有一个妇女，她心胸狭窄，总是为一些小事生气，每一次生气，她都没有办法控制自己。时间久了，妇女的脾气变得越来越坏。为了改掉自己的坏毛病，妇女向一位大师求助。见到大师，妇女就把自己的苦恼一股脑儿全倒出来。大师听了，一句话不说，就把妇女带到了一个封闭的柴房里，然后，把大门锁了。妇女气得破口大骂，她一个人在漆黑的屋子里骂了很久，但是，没有一个人来理会他。妇女骂累了，她想到自己无论骂多久都是没用的，她又开始哀求大师开门，但是，大师还是无动于衷。

后来，妇女沉默了，大师才来到了门外，问道："你还生气吗？"妇女回答说："我生气的是我自己，我真是瞎了眼，怎么会到你这种地方来受罪。"大师眼睛看着远处，说道："连自己都不原谅的人怎么能心如止水？"说完，拂袖而去。过了一会儿，大师又来了，问道："还生气吗？"妇女回答说："不生气了。"大师追问："为什么？"妇女无奈地回答："气也没有办法呀。"大师点点头，说道："但是，你的气并没有真正的消逝，那气团还压在心里，爆发后将会更加剧烈。"说完，大师又离开了。

大师再次来到门前，妇女主动告诉大师："我不生气了，因为这根本不值得。"大师笑着说："还知道值得不值得，可见你心中还有衡量，还是有气根。"妇女不解，问道："大师，什么是气？"这时，大师打开了房门，将手中的茶水洒在地上，妇女想了很久，恍然大悟，向大师道谢而去。

在大多数的时候，生气并不能真正地解决问题，即使心中有气，问题也未必能够得到好转。而且，生气是一件不值得的事情，既然生气了还是不能解决问题，那为何不怀着一份乐观的心情来面对呢？积极乐观的心态，或许会对解决问题有良好的助推作用，同时，我们摆脱了怨气的打扰，重新获得了一份愉快的心情，这何尝不是一件好事呢？

座右铭启示

哲人说："生命的完整，在于宽恕、容忍、等待和爱，如果没有这些，即使你拥有了一切，也是虚无。"生活中本没有那么多的烦恼，而是生气太多，烦恼才会形成了，从而使我们的生活不得安宁。如果你能仔细回想每一件事情，你会发现，原来上天也很眷顾自己，亲人一直陪伴左右，朋友也从未主动离弃。为什么一定要生气呢？人生的快乐是享受不尽的，哪里还有多余的时间去生气呢？在任何时候，我们应该永远记住：生气是用别人的错误来惩罚自己。

幸福的源泉，在于懂得知足和对生命的感恩

幸福是什么呢？有人说是财富与地位，有人说是美满的家庭，有人说是健康与长寿，有人说是美貌与事业，有人说是吃得好、穿得好。虽然，每个人都在追寻幸福，并且在大多数人的观念里，幸福被赋予了不同的定

义，但仔细琢磨这些字眼，在幸福所有的定义里，人们似乎总是在追求着某种表面的东西，而忽视了其内心所需。对此，哈佛教授认为，这种所谓的幸福定义是错误的，因为幸福并不是某种固定的实体，而是一种精神与物质的统一，更多地表现在精神体验上。

吉姆是一名律师，在纽约一家知名的大公司上班，很快将成为公司的股东之一。坐在自己的高级公寓里，中央公园的美景一览无余，然而他却感觉不到幸福。吉姆非常努力地工作着，一周的上班时间至少60个小时。每天早上，他都挣扎着起床，拖着疲惫的身体来到办公室，参加会议、会见客户，这些繁琐的工作占据了他的每一天。有人问他："在你的理想世界里还想做什么？"吉姆回答："我最想去一家画廊工作。"那人继续问道："难道你现在找不到画廊的工作吗？""不是的，但如果在画廊工作，收入将会少很多，生活水平也会下降，我虽然对律师很反感，但没有其他选择。"

吉姆将幸福生活定义为：高收入、较高的生活水平。甚至，他觉得放弃自己的梦想而选择了这份工作是出于"没有选择"。现在我们应该明白吉姆为什么感觉不到幸福了吧。他总是被一个不喜欢的工作所捆绑，所以，每天他都感觉不到快乐与幸福。只在美国吗？有一半以上的人对自己的工作并不满意。其实，这些人之所以感到不开心，并不是因为他们别无选择，而是他们将物质与财富误认为就是"幸福"。

座右铭启示

幸福的源泉，在于懂得知足和对生命的感恩。珍惜当下的生活，这是最可贵的；知足于当下的生活，这是最幸福的。当我们珍惜了生命，生命就会变得更长久；当我们珍惜了家人与朋友，我们便能在其中获得快乐与幸福。在这个物欲横流的时代，你拥有多少金钱并不能说明你有多幸福，你拥有多高的社会地位与权势并不能证明你比他人更幸福。然而，只要你能够珍惜每一天，怀着一颗感恩的心，那每一天都是幸福的。那么，你珍惜了今天吗？感恩拥有的一切了吗？

降低幸福的标准线，幸福触手可及

你每天幸福吗？面对这样一个既简单而又复杂的问题，我们常常不知道该如何回答。为此，史铁生曾这样写道：“生病的经验是一步步懂得满足，发烧了，才知道不发烧的日子多么清爽。咳嗽了，才体会不咳嗽的嗓子多么安详；刚坐上轮椅时，我老想，不能直立行走岂不把人的特点搞丢了？便觉得天昏地暗，等又生出褥疮，一连数日只能歪七扭八地躺着，才看见端坐的日子其实多么晴朗。后来又患尿毒症，经常昏昏然不能思想，就更加怀念往日时光。终于醒悟：其实每时每刻我们都是幸运的，任何灾难面前都可能再加上一个‘更’字。”

在辅导班里，有一位60岁的教授，他谈吐幽默风趣，专业知识精深。但是，给学生印象最深的却是他每一次进教室都精神饱满，面带笑容，而且，每次都会带上一束花放在教室的花瓶里，虽然，每一次带来的花都不一样，但都鲜艳美丽。学生不禁产生这样的疑问：教授为什么总是感到如此幸福，难道生活就没有什么不顺心的事情吗？

课程结束之后，一位学生向教授表示了自己的感激之情，同时，提出了一直存在心中的疑问。头发花白的教授笑了笑，说：“其实，我只是把幸福的感觉当成了一种习惯，前些天，老伴在一次车祸中走了，孩子又在外地工作，我一个人在家里很孤单，本来我已经退休了，但我还想继续执教，教师这份职业让我感到快乐。在工作之余，我最喜欢养花，在我家的院子里一年四季都有花香，我把这些花送给了朋友、邻居以及喜欢这些花的陌生人。我每次带来的花都是自己种的，能给别人带去快乐，我自己也感到很幸福。”闻着那些花香，学生感到幸福正抚摸着自己的脸颊。

亚伯拉罕·林肯曾经说过：“人们如果下定决心要拥有幸福，他就会得到幸福。”其实，幸福只是一种感觉，我们每个人都有拥有幸福的权利。在日常生活中，我们常常会感到悲伤、烦闷，总是认为幸福是一种奢侈品，难以把握。那么，我们就让幸福成为自己的一种习惯吧！生活中的习惯就是一种积累，而我们有养成幸福习惯的力量，因为我们完全可以自己选择幸福。习惯于幸福的人会在每天对自己说："今天的天气真好，一切都会顺利的。"而不幸的人会说："今天一切又不会顺利。"有时候，幸福对于我们来说只是一种选择，谁也不能决定你的幸福，只有你自己。

座右铭启示

让幸福成为自己的一种习惯，我们不需要太多的寻寻觅觅，不需要太多的权衡，只需要放下那些太过于高远的想法，给自己的幸福画一条最浅的底线，你就会发现，生活中的快乐越来越多，幸福越来越多，每一天都是富足而充实的。有的人习惯于忙碌奔波，深陷名利而不能自拔，蓦然回首，才发现真正的幸福恰恰就在出发的原点，而当年的他们却坚信幸福会在更远的地方。如果你已经埋头工作了许久，那么，请站起来，推开窗，深深地呼吸，放眼远望，微笑抑或呼喊，慢慢品尝这一刻，享受它，学会在最琐碎的事情里品尝幸福的滋味！

抓住绝境中的一丝希望，领悟快乐的真谛

生活中，我们要善于抓住绝境中的一丝希望，领悟快乐的真谛。罗斯福在参选总统之前被诊断出患了"腿部麻痹症"，医生对他说："你可能会丧失行走的能力。"听了医生的宣判，罗斯福没有绝望，反而微笑着说："我还要走路，而且我还要走进白宫。"对于一个真正的强者来说，人生的一点小挫折、小失败并不算什么，罗斯福最终走进了白宫，成为美国最伟大的总统之一。有的人在遭遇不幸或失败的时候，瘫坐在地上捶胸顿足，似乎向上天发泄心中的怒气，可是，这样生气又有什么用呢？不幸

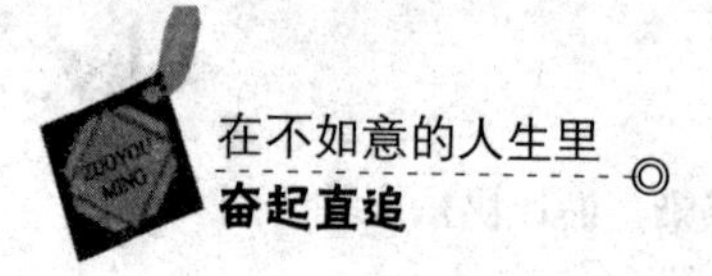

还是不幸，失败还是失败，那些既成的事实一点都没有改变。如果我们想要改变失败造成的现状，那唯一同时也是最有效的办法是接受失败，从这次失败中吸取教训，为再次成功做准备，否则，我们有可能永远被定义为“失败者”。

在大山里，有一个悲惨的男孩，在他10岁时母亲就因病去世了，父亲是一个长途汽车司机，长年累月不在家，没有办法照顾男孩。于是，自从母亲去世后，小男孩就学会了自己洗衣、做饭，照顾自己。然而，上天似乎并没有过多地眷顾他，在男孩17岁的时候，父亲在工作中因车祸丧生，在这个世界上，男孩没有什么亲人了，也没有人能够依靠了。

可是，对于男孩来说，人生的噩梦还没有结束。男孩走出了失去父亲的悲伤，外出打工，开始独立养活自己。不料，在一次工程事故中，男孩失去了自己的左腿。惨遭人生的挫折，男孩并不抱怨，也不气馁，反而养成了坚强的性格。面对生活中随之而来的不便，男孩学会了使用拐杖，有时候不小心摔倒了，他也从来不愿请求别人的帮忙，同时，他还从事着一份简单的工作。

几年过去了，男孩将自己所有的积蓄算了算，正好可以开个养殖场。于是，他用自己全部的积蓄开了一个养殖场，但老天似乎真的存心与他过不去，一场突如其来的大火，将男孩最后的希望都夺走了。终于，男孩忍无可忍，气愤地来到了神殿前，生气地责问上帝：“你为什么对我这样不公平？”听到了男孩的责骂，上帝一脸平静地问：“哪里不公平呢？”男孩将自己人生的不幸，一五一十地说给上帝听。听了男孩的遭遇后，上帝说道：“原来是这样，你的确很悲惨，失败太多，但是，你干嘛要活下去呢？”男孩觉得上帝在嘲笑自己，他气得浑身颤抖：“我不会死的，我经历了这么多不幸，已经没有什么能让我害怕，总有一天，我会凭借着自己的力量，创造出属于自己的幸福。”上帝笑了，温和地对男孩说：“有一个人比你幸运得多，一路顺风顺水走到了生命的终点，可是，他最后遭遇了一次失败，失去了所有的财富，不同的是，失败后他就绝望地选择了自杀，而你却坚强地活了下来。”

人生的不幸历练着男孩坚强的性格，生活的失败铸就着男孩积极进取的个性。遭遇事业的失败后，男孩忍不住了，责问上帝为什么对自己这样不公平？这样的行为，我们似乎在大多数失败者身上都能看到，每每遇到人生不如意的时候，他们总是质问：“老天，为什么我总是不幸的，为什么对我这样不公平？”在上帝的启发下，男孩明白了。即使失去了所有，但他选择了坚强地活着，或许真的就如他自己所说的那样，总有一天，他会凭借着自己的力量，创造出属于自己的幸福。

座右铭启示

有一个悲观主义哲学家说：“我们在出生时之所以哇哇大哭，是因为我们预知生命必然是充满痛苦，至于迎接新生命到来的成人之所以满心欢喜，是因为又多了一个人来分担他们的苦难。”事实上，人生旅途中的苦与乐，都是自己内心的感受，一切都是靠我们亲自来体验，诸如挫折、失败，或许我们在遭遇时会感到痛苦，埋怨上天的不公平，但正因为有了挫折与失败，我们才有可能变得更加坚强、勇敢。即便是在绝境之中，也有一丝希望，我们要善于抓住，从而领悟到快乐的真谛。

痛苦令我们成长

幸福是一种美好的感觉或享受，而痛苦则令人感觉受到折磨。人的天性往往是努力追求幸福，而避免痛苦。然而，上帝总是成双成对地创造一切，他让幸福与痛苦也形影不离，于是，幸福与痛苦之间形成了一种微妙关系。每个人从主观上讲，都希望获得幸福而避免痛苦，但是，幸福的降临往往有痛苦的伴随，如此而诞生的幸福滋味却是令人难忘。试想，如果你总是轻而易举地赢得幸福，你会体会到真切的幸福吗？所以，痛苦是幸福的代价，痛苦成为了进入幸福之门，而且，在痛苦的穿插之后，我们的心会变得更加快乐。在日常生活中，每个人都不可避免地会面临痛苦的时候，诸如在一次比赛中失败或者失去了最宝贵的东西，但是，我们依然可以活得很幸福。人生中无法缺少痛苦，但是，快乐才是常态，痛苦只是小插曲。

在格连·康宁罕8岁的时候，他的双腿在一场爆炸事故中严重受伤，而且，在他的腿上没有一块完整的肌肤。医生毫不犹豫地断言："你此生再也无法行走。"面对满脸悲伤的父母，康宁罕并没有哭泣，而是大声宣誓："我一定要站起来！"在床上躺了两个月之后，康宁罕便尝试着下床了，为了不让父母看见伤心，他总是背着父母，拄着父母为自己做的小拐杖在房间里慢慢挪动，钻心的疼痛将他一次次击倒，跌得浑身是伤，但康宁罕并不在乎身体上的疼痛，反而咬着牙挣扎着站起来。他坚信自己一定可以重新站起来，重新走路，甚至奔跑。经过了几个月痛苦的练习，康宁罕的两条腿可以慢慢地屈伸了，他在心底为自己默默欢呼："我站起来了！我站起来了！"

在医院里，康宁罕想起了离家两英里的一个湖泊，他怀念那里的蓝天，怀念那里的小伙伴。他想再次走到湖泊，与小伙伴一起玩耍，有着这样一个美好的心愿，康宁罕更加坚强地锻炼着自己。两年之后，康宁罕凭借着自己的坚韧和毅力，走到了湖泊边。从此，他又开始练习跑步，把农场上的牛马作为自己追逐的对象，几年如一日，从来没有放弃过。最后，他的双腿奇迹般地强壮了起来，他不断地挑战自己，成为美国历史上著名的长跑运动员。康宁罕人生的幸福不仅在于他所取得的成绩，更在于他微笑面对痛苦的信心。

痛苦常常来得无声无息，它考验你的毅力与坚韧，假如我们能顽强地与之抗争，逃离痛苦的阴影，重新给心以幸福的方向，那么，在痛苦之后，内心会更显幸福的光芒。痛苦并不可怕，只要内心能够找到快乐方向的人，幸福的钟声一定会被敲响。总是有人问本·沙哈尔："你能帮我消除痛苦吗？"本·沙哈尔却感到不解：为什么要用这种态度来对待痛苦？他这样说道："痛苦，也是我们的人生经验，会让我们从中学到很多，人生的成长和飞跃，经常发生在你觉得非常痛苦的时刻。"当某些人觉得幸福的滋味太过于平淡，那么，在痛苦的偶尔穿插中，你是否感到幸福的心会更加快乐呢？

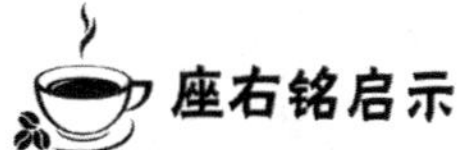

座右铭启示

真实的幸福是痛苦与痛苦之间的间隙。我们总是渴望着快乐，但却只会得到失望与不满，最终导致内心负面情绪的产生。一个幸福的人，并不是拒绝痛苦的人，他也会有情绪上的起伏，但整体上能够保持一种积极的心态。由于经常被积极的心态所引导，从而感染了快乐与幸福，却很少被负面情绪所困扰。所以，在人生漫漫途中，快乐是常态，痛苦只是小插曲。

第 6 章

把每一件平凡的事做好，就是不平凡

海尔集团总裁张瑞敏曾这样说过：“把每一件简单的事情做好，就是不简单；把每一件平凡的事情做好，就是不平凡。”一个人，不管他所遇到的是简单事抑或是平凡事，只有做好，一直做下去，才会成就“大业”。

专注于自己真正想要的东西，才会最终得到它

世界上没有一步登天的奇迹，所以成功者总是恪守自己“脚踏实地”的原则，做任何事情都是循序渐进。他们明白，如果要想获得成功，就必须从一件小事做起，哪怕是一件微不足道的小事，他们只专注于现在所拥有的工作。用投机取巧的方法来获得成功是永远不可取的，即使在短时期内能获得一两次的成功，但是不能获得长久的成功。成功者更愿意通过慢慢添加一砖一瓦，踏踏实实地坚守自己的位置，最后打造出属于自己的一片天地。

犹太人哈同在1872年独自一人来到中国上海谋生，当时24岁。他看起来是一个年轻力壮的青年人，但是他身上除了当时穿着的衣服以外，一无所有。他既没有一点资本，也不懂专业知识和技术。但是他来中国是赚钱发财的，于是，他结合自身的情况，决心先找到一个立足点。

他凭着自己魁梧高大的身材，在一家洋行找到了一份看门的工作。哈同并没有为自己的这份工作感到丢脸。他认为通过自己为别人看门赚来的钱也是一种报酬，并没有使自己失去身份。他希望把这份工作作为一个立足点，通过自己的努力奋斗，积蓄力量，以后终会找到能赚更多钱的路子。

哈同对自己的工作非常认真，忠于职守。另外，他还常常利用自己晚上休息的时间阅读一些经济和财务的书籍，来增加自己的知识。老板渐渐发觉哈同是个出色的员工，而且很聪明，于是就把他调到业务部门当办事员。哈同一如既往地认真工作，业绩也越来越突出，逐步被提升为行务员、大班等。这时候，他的收入水平已经显著提高了，可是满怀志向的他并没有知足。他想拥有自己的企业，于是，在1901年他离开了工作岗位，自己开始独立经营商行。

哈同自己创办的商行取名为“哈同商行”，主要以经营洋货买卖为

主。他独特的眼光发现洋货在中国市场上的竞争品不是很多，所以消费者就难以“货比三家”。因此，他神不知鬼不觉地获得了高额利润，使自己的商行越办越大。

哈同能够从一名看门工做到商行的老板，正是体现了一种敬业精神。一个看门工，可能是大多数人都瞧不起的活，是别人不愿意干的，他们觉得自己相貌堂堂，年轻高大，怎么会屈于当看门工呢。可是哈同不这么认为，他把这作为成功的一个起点。我们如果注意哈同的工作历程，就不难发现他成功的秘诀，那就是“脚踏实地，循序渐进”。他对自己的每一份工作都做到勤勤勉勉，忠于职守，并且不是急于求成，而是循序渐进，慢慢登上成功的山顶。

座右铭启示

“罗马不是一天建成的。”聪明的犹太人正是坚信这样的道理，所以才能够在世界享有盛名。中国也有句相似的格言：“千里之行始于足下”，它们所表达是同一个意思。我们在面对任何一件事情的时候，都要脚踏实地，循序渐进地努力，才能获得最后的成功。正可谓“一屋不扫，何以扫天下”。凡成大事者需要从小事做起，踏踏实实地做好生活中的每一件事，小事做多才能成就大事。

成就每一天就是在成就自己的未来

在生活中，当我们被问道：为什么你不努力？回答：诱惑那么多，我怎么能专心。问：为什么每天都这么浑浑噩噩？回答：找不到目标，我朝哪里奋斗。问：为什么一次次立下誓言，最后都是无疾而终？回答：未来那么遥远，我怎么知道现在做的以后有没有用。假如在若干年之后，我们会问：为什么我找不到一份好工作？有那么多和你一样抵不住诱惑的人，好工作怎么会看上你？为什么以前那些我看不起的人都获得比我高的成就？每天总是得过且过，你怎么配得上成就。为什么他们都有这些那些机会，只有我每天只能重复又重复这些无味的日子？因为以前总是没有准备，没有技能的积累，没有那些你不知道有没有用的知识，你怎么能把握机会？其实，我们都忘记了，当我们在成就自己每一天的同时，其实就是在成就自己的未来。

盛夏的一天，一群人正在铁路的路基上工作。这时，一列缓缓开来的火车打断了他们的工作。火车停了下来，一节特制的并且带有空调的车厢的窗户被人打开了，一个低沉的、友好的声音："大卫，是你吗？"

大卫·安德森——这群人的主管回答说："是我，吉姆，见到你真高兴。"于是，大卫·安德森和吉姆·墨菲——铁路公司的总裁，进行了愉快的交谈。在长达1个多小时的愉快交谈之后，两人热情地握手道别。

大卫·安德森的下属立刻包围了他，他们对于他是墨菲铁路总裁的朋友这一点感到非常震惊。大卫·安德森解释说，20多年以前他和吉姆·墨菲是在同一天开始为这条铁路工作的。其中一个下属半认真半开玩笑地问他，为什么他现在仍在骄阳下工作，而吉姆·墨菲却成了总裁。大卫·安德森非常惆怅地说："23年前我为1小时1.75美元的薪水而工作，而吉姆·墨菲却是为这条铁路而工作。"

23年前为1小时1.75美元薪水而工作的人，现在仍然为薪水工作；23年前为那条铁路而工作的人，现在却成了团队的总裁。这就是平凡者与卓越者差别的根源所在。

一个老木匠就要退休了，他告诉老板自己要离开建筑业，然后和家人享受一下轻松自在的生活。老板实在舍不得这么好的木匠离去，所以希望他能在离开前再盖一栋按自己风格设计的房子。

木匠答应了，不过不难发现这一次他并没有很用心地盖这栋屋子，只是草草地用了劣质材料就把这间屋子盖好了。用这种方式来结束自己的职业生涯，实在是有点不妥。

房子盖好后，老板来检视了房子，然后把大门的钥匙交给这个木匠说："感谢你跟随我这么多年，这间按你自己风格设计的房子是我送给你的礼物！”

瞬间，木匠震惊得目瞪口呆，羞愧得无地自容。假如他早知道是在给自己建房子，他怎么会这样呢？现在他只得住在一栋粗制滥造的房子里。

在生活中，我们何尝不是这样呢？我们总是在漫不经心地建造自己的生活，不是积极地行动，而是消极应付，任何事情不是精益求精，而是关键时刻不能尽最大努力。等到我们觉得不对劲的时候，才发现自己深困在自己建造的“屋子”里了。试着想象一下自己的房子，每当你钉下一个钉子，放置一块木板，或竖起一面墙的时候，其实就是在营造自己的生活。你会发现，成就每一天，就是在成就自己的未来。

座右铭启示

每一天，你是否都在成就自我呢？假如是你一个学生，只为分数而学习，那么你也许能够得到好分数；但是，假如你是为了知识而学，那么你就不仅能够得到好的分数还能获取更多的知识；假如你是为了挣钱而努力，那么你就有可能赚很多钱。但是，假如你想通过做生意来干一番事业，那么你就有可能不仅赚到很多钱，而且还会干出一番大事业。每一天你成就自己越多，未来对你的回报就越多。

不要只为了得到回报而付出

哲人说：“一个人付出的多少，决定他成就的大小。”在中国有句俗语：付出不一定有回报。而在西点军校，有一句名言：不要只为了得到回报而付出。很多时候，我们的付出应该是无私的，我们所付出的东西并不一定会让自己得到同等的回报。如果你仅仅是为了得到回报才想到去付出，那这样的结果是悲哀的。我们只是在进行一项功利性的交易，当我们在付出的时候，总会小心翼翼地计算自己的损失，计算自己否可以得到回

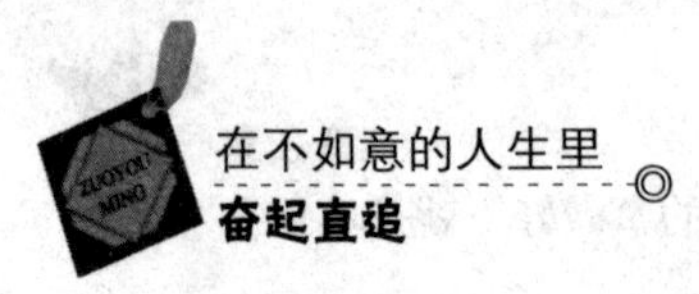

报。如果我们的计算是弊大于利的，我们就会减少付出的时间和精力，甚至会停止付出。

小约翰是商人的儿子，有时他会到爸爸的商店里去瞧瞧。店里每天都有一些收款和付款的账单需要经办。小约翰往往需要把这些账单送到邮局寄走，渐渐地，他觉得自己似乎成为了一个小商人。

有一次，他忽然想出一个主意：也开一张收款账单寄给妈妈，索取他每天帮妈妈做点事的报酬。第二天早上，妈妈发现自己餐盘旁边放着一份账单：母亲欠儿子约翰如下款项——为取回生活用品20芬尼；为把信件送往邮局10芬尼；为在花园里帮助大人干活20芬尼；为他一直是个听话的好孩子10芬尼，共计60芬尼。

小约翰的母亲仔细看了这份账单一遍，什么也没说。晚上小约翰在他的餐盘旁边找到他所索取的60芬尼报酬，正当他要把这笔钱收进口袋时，突然发现在餐盘旁边还放着一份给他的账单：

约翰欠他母亲如下款项：为在她家里过的10年幸福生活0芬尼；为他10年中的吃喝0芬尼；为在他生病时的护理0芬尼；为他一直有个慈爱的母亲0芬尼，合计0芬尼。小约翰读着读着，感到羞愧万分，他怀着一颗怦怦直跳的心蹑手蹑脚地走进母亲的房间，将小脸蛋藏进了妈妈的怀里，小心翼翼地把那60芬尼塞进了她的口袋。

如果你只想索取或接受，那你只会成为一个乞丐，假如你想要付出或给予，那说不定你会成为一个富人。当然，当我们还在计算我们的付出应该有多少回报的时候，又是否想过，关于我们已经得到的，自己又付出了多少呢？生活中，我们不应该计较得失，更不应该去计算自己付出了多少，该得到多少，有时候，付出不一定是有回报的。

座右铭启示

当你不断在计算自己所付出的东西可以得到多少回报的时候，那就意味着你的付出已经在大打折扣了，你的付出并不是百分之百的出于内心，而是计较之后的剩余。这样的计较心理对我们的结果会产生很大的影响，甚至可能我们最后会一无所获。诚然，当我们付出了许多艰辛之后，如果还是一无所获，那是悲哀的，但在这时，你是否会想到，产生这样的结果或许就在于自己当初犹豫不决，总是在计较付出与回报，总想着回报才导致自己付出不够，因此才导致了最后的失败。

坚守心中那块“土地”，它会带给你好运

生活中，我们要学会坚守心中的那块“土地”，因为它会给自己带来好运。其实，坚守心中的那块“土地”，就是无论在什么时候都要相信自己。哲人说：“面对任何问题都要持怀疑态度，以好奇的态度进行思考。”当然，对问题的怀疑将意味着我们需要证明自己心中的想法正确与否，但这时候我们怀疑的是问题本身，而不应该是自己。在任何质疑面前，我们都不要怀疑自己，而是大胆证明自己。当然，这需要自信与勇气。

克里斯托莱伊恩是英国一位年轻的建筑设计师，幸运的他被邀请参与了温泽市政府大厅的设计，克里斯托莱伊恩没有运用工程力学，而是根据自己的经验，巧妙地设计了只用一根柱子就支撑大厅天顶的预案。一年过去了，当市政府请权威人士来验收工程的时候，却对克里斯托莱伊恩设计的一根支柱提出了异议。他们认为用一根柱子支撑天花板太危险了，要求克里斯托莱伊恩再多增加几根柱子。克里斯托莱伊恩十分自信地说：“只要用一根柱子便足以保证大厅的稳固。”他完全相信自己的计算和经验，拒绝了工程验收专家的建议。不过，克里斯托莱伊恩的固执惹恼了市政府官员，他差点因此而被送上法庭。在这样的情况下，克里斯托莱伊恩只好在大厅周围增加了4根柱子，不过，这4根柱子全部没有挨着天花板，之间相隔了两毫米。

300年过去了，温泽市的市政官员换了一批又一批，但是，市政府大厅依然坚固如初。一直到20世纪后期，当市政府准备修缮大厅的时候，才发现了这个秘密。当时，消息一传出，轰动了世界，各国著名的建筑师都

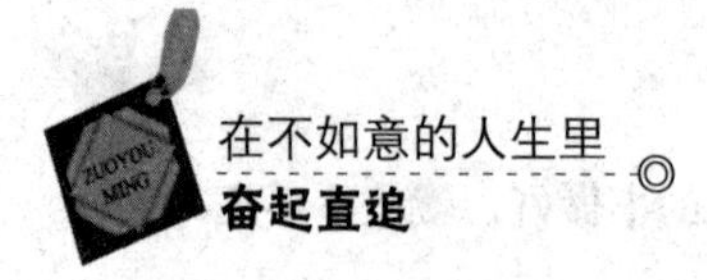

慕名而来，欣赏这几根神奇的柱子，他们看到了在大厅中央圆柱顶端写着的一行字："自信和真理只需要一根支柱。"而克里斯托莱伊恩这位伟大的设计师，他只留下了这样一句话："我很自信，至少100年后，当你们面对这根柱子的时候，只能哑口无言，甚至瞠目结舌，我要说明的是，你们看到的不是什么奇迹，而是我对自信的一点坚持。"

即使遭到了质疑，克里斯托莱伊恩依然坚信自己的设计是正确的，最终时间证明了一切。而有的人其实已经触碰了真理，但是却因此而怀疑自己，最终错过了成功的机会。

1900年，著名教授普朗克和儿子在花园里散步，他看起来神情沮丧，遗憾地对儿子说："孩子，十分遗憾，今天有个发现，它和牛顿的发现同样重要。"原来，他提出了量子力学假设以及普朗克公式，但是，由于他一直很崇拜牛顿并虔诚地将牛顿的理论奉为权威，而自己的发现将打破这一完美理论，他有些怀疑自己的判断，最终他宣布取消自己的假设。不久之后，25岁的爱因斯坦大胆假设，他赞赏普朗克假设并向纵深处引申，提出了光量子理论，奠定了量子力学的基础。随后，爱因斯坦又突破了牛顿绝对时空理论，创立了震惊世界的相对论，并一举成名。

对自己的怀疑，常常会让我们失去了成功的机会，或是让我们放慢了前进的脚步。普朗克对自己的怀疑，使整个物理理论停滞了几十年。所以，任何时候，都切莫怀疑自己，而是要努力、勇敢地证明自己，这样我们才有可能站在成功的顶峰之上。

座右铭启示

面对强大的势力，面对重重的困难，面对许多的诱惑，我们是否需要坚守心中的那份自信呢？总是不断地怀疑自己，这是缺乏自信的人所表现出来的特点。缺乏自信的人，他们不敢，甚至畏惧相信自己的想法和判断；缺乏自信的人，他们想办法证明自己是错误的，而不会证明自己是正确的，因为他们内心畏惧出错。怀疑自己，只会成为我们成功之路的障碍，只会使我们放慢前进的步伐，所以，对自己多一份自信，相信自己，千万不要怀疑自己，同时，我们应该鼓起勇气去证明自己。

没有任何一件伟大的事业不是因为热忱而成功的

爱默生曾这样说："有史以来，没有任何一件伟大的事业不是因为热忱而成功的。"爱默生所说的热忱是什么呢？美国著名人际学大师卡耐基曾在自己办公桌上挂了一块牌子，在镜子上也挂了同样的一块牌子，而毕业于西点军校的麦克阿瑟将军在南太平洋指挥盟军时，其办公室墙上也挂了这样一块牌子，这三块牌子上写着相同的座右铭："有信仰就年轻，疑惑就年老；有自信就年轻，畏惧就年老；有希望就年轻，绝望就年老；岁月使你皮肤起皱，但是失去了热忱，就损伤了灵魂。"

有一次，一位推销员来拜访拿破仑·希尔，希望他订阅一份《周六晚邮》。推销员满脸沮丧，拿着那份杂志向拿破仑·希尔提问："你不会为了帮助我而订阅《周六晚邮》吧，是不是？"拿破仑·希尔一口就拒绝了推销员的要求，那位推销员阴沉着脸走了出去。

几个星期之后，另一位推销员来拜访拿破仑·希尔，她推销六种杂志，其中有一种就是《周六晚邮》。推销员看了看拿破仑·希尔的书桌，发现书桌上已经摆了几本杂志，她忍不住惊呼了起来："哦！我看得出来，你十分喜爱阅读书籍和各种杂志。"拿破仑·希尔放下了手中的稿子，点点头。推销员走到书架前，从书架上取出了一本爱默生的论文集，她开口谈论起了爱默生那篇"论稿酬"的文章，不一会儿，拿破仑·希尔也加入到其中讨论。然后，推销员开始将话题回到订阅杂志的问题上。她问拿破仑·希尔："你定期收到的杂志有哪几种？"拿破仑·希尔回答了自己订阅的杂志名称，推销员脸上露出了笑容，随即摊开了自己的杂志，她开始分析："我觉得这里的每一种杂志你都需要订阅一份，《周六晚邮》可以让你欣赏到最干净的小说，《美国杂志》可以给你介绍工商界领袖的最新生活动态……像你这种地位的人物，一定要消息灵通，知识渊博，如果不是这样子的话，一定会在自己的工作上表现出来。”拿破仑·希尔笑了，问道：“订阅这六种杂志一共需要多少钱？”推销员笑着回答：“多少钱？呀，整个数目还比不上你手中所拿的那一张稿纸的稿费呢。”最后，她离开的时候，带走了拿破仑·希尔订阅六种杂志的订单。

两个推销员同样是向拿破仑·希尔推销杂志，但为什么那位女推销员最后获得了成功呢？事实上，拿破仑·希尔自己在回忆这件事情的时候，曾这样说：“第一位推销员没有以热忱作为后盾，在他脸上充满阴沉而沮丧的神情，他并没有说出任何足以打动我的理由；那位女推销员开始说话，我就从她身上感受到了那股热忱，她通过热忱感染了我，促使我不得不订阅那六种杂志。”女推销员通过语言以及行为所传递出来的“热忱”深深感染了拿破仑·希尔，即使拿破仑·希尔在之前早已经打定主意不理睬她，但是，最终在热忱的感染与鼓舞下，他心甘情愿地掏钱订阅了杂志。

座右铭启示

在成功者周围，流行着这样一句话：你的热忱，可以融化每一个人。拿破仑·希尔说：“热忱是一种意识状态，能够鼓舞及激励一个人对手中的工作采取行动。”其实，不仅如此，热忱还具有极强的感染力，不仅仅对怀着热忱的本人产生重大影响，还会感染所有和他接触的人。热忱是行动的主要推动力，有的人清楚地知道怎么样鼓舞追随者发挥出热忱，那么他们在最后就成为了人类最伟大的领袖，拿破仑·希尔就是崇尚热忱的一位卓越领导者。他每次在评估一个人的时候，不仅仅考虑到他的才干和能力，而且还将考虑他的热忱，因为拿破仑·希尔认为，如果你有热忱，几乎就所向无敌了。

百尺竿头须进步

对西点学员而言，西点军校是一个重塑人生的地方，每一名军人走进西点的大门，也就意味着他的人生将翻开崭新的一页。在西点的训练中，有许多项目是危险而残酷的，而正是这些训练，锻炼了西点军人刚毅的性格和不屈不挠的精神品质，这是因为只有在最糟糕的情况下我们才能竭尽全力。毫无疑问的是，我们不可能坐等危机或悲剧的到来，从内心挑战自我，不断超越自己，这才是生命的价值所在。

有一家空调制造厂，因为员工一直完不成定额，主管非常着急，他已经用尽了所有的办法，说了好话，又是鼓励又是许愿，甚至还采用了“完不成定额，就走人”的威胁手段，可是还是没有一丝的效果。他只好向总经理作了如实的汇报。

总经理在主管的陪同下走进了工厂，当时，日班马上就要结束了，总经理问一位工人：“请问，你们这一班在今天制造了几部空调？”“5部。”那位工人回答。总经理没有再说话，只是拿了一支粉笔在地板上写下一个大大的数字“5”，然后转身离开了车间。夜班工人接班的时候，看到了那个“5”字，便问是什么意思，那位准备交班的日班工人详细地作了解释。夜班工人看着那个“5”字，越看越觉得刺眼。

第二天早上，总经理再次来到工厂，他看到夜班工人已经把那个“5”字擦掉，重新写上了一个大大的“6”字。而日班工人接班的时候当然看到了很大的“6”字，他们毫不示弱，抓紧时间干活。当天晚上下班的时候，他们在地板上留下了具有示威性的特大数字“9”。逐渐，情况有所好转，而工厂的产量也大幅度提高。

如果经理不采用激励机制，那我们相信工人们只会相信自己一班可以制造5部空调，这时的他们觉得一个班制造9部空调是远远不可能的。为什么呢？这是因为人们已经习惯了固步自封，或许说他们在赢得一点成绩之后就会停止向前，满足于自己所获得的成绩，其实，这是一个危险的信号。我们应该明白，努力是没有尽头的，只有不断地前行，不断超越自己才是生命意义所在。

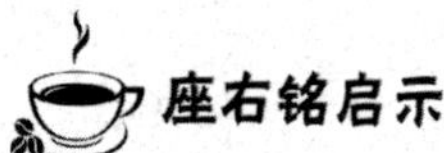

其实，只有不断地去超越，生活才会充满希望和乐趣。中国有句老话："百尺竿头更进一步。"即便已到了百尺竿头，取得了很大的成就，也不能骄傲自满，而是应继续努力，再接再厉，去赢得更大的胜利。不管在生活中还是工作中，只有能超越自己的人才会胜利，当你定下目标，不论你进步了多少，哪怕只是一点点，只要你勇往直前，永不退缩，就能不断超越自我。生活中，有的人太自满，认为自己做得不错了，就停步不前了。其实，这还远远不够，不论你有多么优秀，也不要停止下来，因为攀登顶峰的脚步是不能停顿的。

说做就做，立即行动

我们都听过这样一句话："不想做将军的士兵不是好士兵。"每位军人不仅这样想，而且，他们也朝着这个方向去做了，虽然，他们中的大多数没有成为将军，但却成为了更优秀的人，这就是理想的动力。如何才能实现自己的理想？成功者给出的答案就是：立即行动。为了实现心中的理想，提高自己的工作效率在于立即行动。每天早上要做的第一件事，就是做对自己来说最重要的那件事情，并使之成为一种习惯。大量的研究表明，那些成功人士身上最显著的共性是"说做就做"。一旦他们有了明确的目标，就会立即展开行动，一心一意、持之以恒地投入这项工作，直到实现目标为止。

阿尔伯特·哈伯德出生于美国伊利诺州的布鲁明顿，父亲既是农场主又是乡村医生。年轻时的哈伯德曾在巴夫洛公司上班，是一名很成功的肥皂销售商，但是，他却对此感到不满足。1892年，哈伯德放弃了自己的事业进入了哈佛大学，然后，他又辍学开始到英国徒步旅行，不久之后，哈伯德在伦敦遇到了威廉·莫瑞斯，并喜欢上了莫瑞斯的艺术与手工业出版社。

哈伯德回到美国，他试图找到一家出版社来出版自己的那套《短暂的旅行》的自传体丛书，但是，他没有找到任何一家出版社。于是，他决定自己来出版这套书，他创建了罗依科罗斯特出版社。哈伯德的书出版之后，他自己成为了既高产又畅销的作家。随着出版社规模的不断扩大，人们纷纷慕名而来拜访哈伯德。最初游客会在周围的旅馆住宿，但随着人越来越多，周围的住宿设施已经无法容纳更多的人了，哈伯德特地盖了一座旅馆。在装修旅馆时，哈伯德让工人做了一种简单的直线型家具，而这种家具受到了游客们的喜欢，哈伯德开始了家具制造业。哈伯德公司的业务蒸蒸日上，同时，出版社出版了《菲士利人》和《兄弟》两份月刊，而随后《致加西亚的信》的出版使哈伯德的影响力达到了顶峰。

有人说，阿尔伯特·哈伯德的一生是无比传奇的一生，他之所以能在多方面都能获得成功，在于他从来不空想，而是不断地朝着一个又一个理想而努力奋进。阿尔伯特·哈伯德是一位坚强的个人主义者，一生坚持不懈、勤奋努力地工作着，成功对于他来说是理所当然的。

座右铭启示

一个人树立远大的理想并不是一件困难的事情，难的是树立理想之后所采取的实际行动。生活在现代社会的我们，从小就接触到“志向、理想”这样的字眼，当稚嫩的小手写下远大的志向时，我们心中涌起的是兴奋、自豪。可是，随着时间的流逝，我们曾经立下的远大志向也日渐模糊。工作失去了前进的动力，而我们也丧失了为理想而奋斗的激情。如果被问道：“你有什么远大的志向？”突然之间，我们会觉得茫然失措，在过去的经历中，曾经立下的远大志向早已千疮百孔。其实，这就是缺少了行动力，我们都忽视了，行动力才是实现理想最佳的途径。

做事之前就要想到后面四步

在实现理想的过程中，成功者总是在行动之前，深谋远虑，这样才让自己的每一步走得更有意义。在生活中，老人常常说：“做事之前就要想到后面四步。”其实，向前每走一步，我们都需要相应对的方法，如果不能看得那么远，至少我们需要看见一步。做事情，不仅需要稳当、周全，而且，不要急于求成，不能只顾眼前利益。在西点有一句流行语：“不打无准备之仗。”简单地说，要想取得战斗的胜利，就必须做好充分的准备，如果准备不充分，打起仗来十有八九是要吃亏的。

威尔逊在创业之初，他的全部家当就只有一台分期付款的爆米花机，价值50美元。第二次世界大战之后，威尔逊做生意赚了点钱，他决定从事地皮生意。当时，在美国从事地皮生意的人并不多，战后大多数人都比较穷，买地皮修房子、建商店的人很少，地皮的价格也很低。

当威尔逊骄傲地宣布自己的决定时，遭到了亲朋好友的反对，大家都对他说：“你的决定是不是有问题，你应该慎重考虑一下。”然而，威尔逊却坚信自己的决定是正确的，他认为家人和朋友的目光太短浅了，美国毕竟是战胜国，其经济应该很快就能进入发展期，而那时买地皮的人增多，地皮的价格就会暴涨。

于是，威尔逊用自己的积蓄再加上贷款在市郊买下了很大的一片荒地，然而，这块荒地地势低洼，不适宜耕种，简直无人问津。不过，威尔逊还是决定买下这块地，他预测：美国经济很快就会繁荣，城市人口增多，市区会不断扩大，必然向郊区延伸，在不久之后，这块荒地就会变成黄金地段。

一两年过去了，威尔逊的预言成真了，美国城市人口剧增，市区迅速发展，大马路一直修到了威尔逊那块荒地上。这时，人们发现这块地风景宜人，是一个夏天避暑的好地方。于是，这块土地的价格倍增，很多商人竞相出高价购买，但是，威尔逊却有着长远的打算。他在这块地上盖起了一座“假日旅馆”，由于地理位置比较好，开业后生意非常兴隆，从这以后，威尔逊的生意越做越大，在世界各地都有威尔逊的“假日旅馆”。

威尔逊创业的决定最初遭到了亲朋好友的反对，他们对于威尔逊的计划颇有不屑，甚至认为他的思维有问题。但是，威尔逊自有一番见解，认清了当下时局，分析了经济的走向，最终，深谋远虑的他赢得了成功。

座右铭启示

成功者认为，凡事须深谋远虑，思考得越周全，就越容易实现自己的理想。从古至今，凡成大事者，往往是深谋远虑之人。比如，在军校，学员作为未来保家卫国的战士，他们必须学会深谋远虑，因为想得周到，巧妙筹划，才得以顾全大局，所谓心中有谋算，迎战时才会有胜算。

人人都是一座宝藏，值得你花一番工夫去挖掘

生活中，每个人都是一座宝藏，值得我们花一番工夫去挖掘。所以，学会关心身边的每一个人，你会发现，其实建立和谐的人际关系是如此简单，比如，去用心地记住身边每一个人的名字。

罗斯福开始竞选总统前的几个月中，其助手吉姆一天要写数百封信，分发给美国西部、西北部各州的熟人、朋友。而后，他乘上火车，在漫长的路途中，走遍了美国20个州，行程2000公里。他除了火车以外，还用其他交通工具，像轻便马车、汽车、轮船等。吉姆每到一个城镇，都去找熟人进行一次极其诚恳的谈话，接着再开始下一段的行程。当他回到东部的时候，立即给在各城镇的朋友每人写一封信，请他们把曾经谈过话的客人的名单寄来给他。那些不计其数的名单上的人，他们都得到吉姆亲密而极其礼貌的复函。原来，吉姆早就发现，一般人对自己的姓名最感兴趣。把

一个人的名字记住，很自然地叫出来，这就表现了你对他含有微妙的恭维、赞赏的意味。

有一位医生到母校去进修，上课的正是一位原先教过他的教授。教授没有认出他来。他的学生太多了，何况毕业已整整10年了。

第一堂课，讲授用了半堂课的时间，给学生们讲了一个故事。可是，这个故事医生当年就听过。医生觉得教授真是古板，都10年了，怎么又把故事拿出来讲呢？医生觉得索然无味。

教授的课在故事中结束，给学生留了几道思考题。思考题很简单，要求学生当堂课完成。前面的题大家答得很顺利，可是，同学们被最后一道题难住了，这道题是这样的："你们知道单位里每天清早在医院里打扫卫生的清洁工叫什么名字？"同学们以为教授是在开玩笑，都没有回答。

那位医生也觉得好笑，都10年了，还出这样的题，教授的课怎么一成不变呢？

教授看了学生的答题，表情很严肃。他在黑板上写了一行字："在你们的职业当中，每个人都是重要的，都值得关心，并关爱他们。"教授说，"现在我要表扬一位同学，只有他回答出来了"。

这个人就是那位医生。医生这时才猛然发现，自己在平时工作中常会下意识地去记清洁工的名字。他工作的医院有1000多人，他竟然记得每位清洁工的名字。

因为，这道题10年前就曾难倒过他，没想到当年的一堂课会影响他这么多年。

在我们的生活中，每个人都是重要的，都值得去被关心和关爱，不要认为螺丝钉就是没有价值的，不要认为清洁工就是卑微的，其实每个人都是一座宝藏，都值得我们花时间去挖掘。

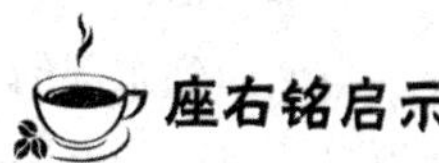

座右铭启示

钢铁大师卡内基很重视记住朋友和商业人士的名字，这也是他领导才能的秘密之一。他以能够叫出许多员工的名字为骄傲，甚至，他还得意地说，当他亲任主管的时候，他的钢铁厂未曾发生过罢工事件。许多人不记得别人的名字，只是因为他们认为没有必要下工夫花精力去记住别人的名字，假如问他们为什么，他们肯定会为自己找借口，说自己很忙等等。然而，他们都忽视了，一种最简单却又是最重要的获得好感的方法就是记住对方的名字，让别人感到自己备受尊重。

人的一生，就是为自己思考的一生

成功者告诉我们：你的思想决定你的高度。著名的科学家曾到一所学校做过这样一个研究：他对班上的一些孩子说，你们是天才，智商非常高；又对另外一些孩子说，你们的智力水平很一般。15年之后，那些被认为高智商的孩子获得了巨大的成功，而那些被认为智力水平一般的孩子成为了最平凡的人。对此，科学家发表言论："那时候我只是随便说说，其实那些孩子们的智力水平都差不多。"然而，那些被科学家说是高智商的孩子在内心有个坚定的信念：我是天才。在任何时候，他们都以这种信念来鼓励自己，最后，他们真的成功了。

有一位年轻的乞丐，每天总是懒洋洋地斜躺在地上，在面前放一个破碗，旁边还放着一根讨饭棍。许多人从他身边经过，有的人觉得他可怜，就会在他的破碗里丢几个硬币，年轻的乞丐似乎很享受这样的生活。

有一天，西装革履的律师找到了乞丐，对他说："先生，您好，您的一个远方亲戚不幸去世了，留下了3000万美元的遗产，根据我们的调查，您是这笔遗产的唯一继承人，所以请您在这份文件上签个字，这笔遗产就属于您了。"一瞬间，这位年轻人从一无所有的乞丐变成了富翁，轰动了社会。一位记者前去采访他，好奇地问道："您得到这笔3000万美元的遗产后，最想要去做的是什么事？"年轻人回答："我首先要去买一个像样一点的碗，再去买一根漂亮的棍子，这样我就可以像模像样地讨饭了。"

一个人的思想若是停留在最初的地方，那即便他拥有了足够好的条件，也成不了大事。就好像案例中的乞丐一样，他在没钱的时候，出来乞讨是没有办法。但是，当他已经得到了3000万美元的遗产之后，他竟然从来没想过要去改变自己的生活，重新树立远大的理想，而是坚持自己的老思想："我首先要去买一个像样一点的碗，再去买一根漂亮的棍子，这样我就可以像模像样的讨饭了。"听了这样的话，不要觉得可笑，事实上，在现实生活中的我们经常也会像这样，思想的高度，最终将决定着我们是否能成大事。

座右铭启示

我们必须坚信：思想决定人生的高度。约瑟夫·墨菲这样解释："你衷心期盼的必将能够实现，最重要的莫过于思考方式，人生就是一天到晚自己想象出来的，人的一生，就是为自己思考的一生。"在很多时候，我们都有着自己的想法：希望自己将来能成为实业家，希望进入自己梦寐以求的公司，谋得一个称心如意的职位，等等。但是，最终，有的人能够实现自己的愿望，走成功的人生；而有的人却不管怎么努力都达不到自己的理想，过着平凡的日子。其实，决定你命运的绝不是才能，更不是环境和外在条件，而是你的思考方式，即你的思想高度。

第 7 章

心态决定命运，用信心点亮人生

信心是一种态度，常使“不可能”消失于无形。强者不一定是胜利者，但胜利迟早都属于有信心的人。生活中，许多人之所以缺乏自信，有诸多因素，可能是信心在失败的经历中被磨灭，可能是内心存在的自卑感，等等。然而，我们应该记住这样一句话：只有自己轻视自己，别人才会轻视你。

自信，原本就是一种美丽

索菲亚·罗兰刚刚步入演艺界，就面临了制片商“善意”的建议：“如果你真的想干这一行，就得把鼻子和臀部‘动一动’。”但非常自信的索菲亚却拒绝了，她说：“我懂得我的外形和那些已经成名的女演员不一样，她们都相貌出众五官端正，而我却不是这样，我的脸毛病很多，但这些毛病加在一起反而会使我更加有魅力，说实在的，我的脸确实与众不同，但是我为什么要和别人一样呢？”后来，她被誉为世界上最具自然美的人。因为，自信原本就是一种无与伦比的美丽。

在一次哈佛大学泰勒·本·沙哈尔教授的课堂上，有个学生向沙哈尔提问道：“请问老师，您是否知道您自己呢？”沙哈尔心想：是呀，我是否知道我自己呢？他回答说：“嗯，我回去后一定要好好观察、思考、了解自己的个性和自己的心灵。”

沙哈尔教授回到家里就拿来了一面镜子，仔细观察着自己的外貌、表情，然后来分析自己。首先，沙哈尔就看到了自己闪亮的秃顶，想：“嗯，不错，莎士比亚就有个闪亮的秃顶。”随后，他看到了自己的鹰钩鼻，心想：“嗯，大侦探福尔摩斯就有一个漂亮的鹰钩鼻，他可是世界级的聪明大师。”看到了自己的大长脸，就想：“嗨！伟大的美国总统林肯就是一张大长脸。”看到了自己的小矮个子，就想：“哈哈！拿破仑个子就很矮小，我也是同样矮小。”看到了自己的一双大脚，心想：“呀，卓别林就是一双大脚！”

于是，第二天他这样告诉学生：“古今国内外名人、伟人、聪明人的特点集于我一身，我是一个不同于一般的人，我将前途无量。”

泰勒·本·沙哈尔教授善于欣赏自己，这令他对自己充满了自信，即使在别人看来，自己的长相并不出众，但是，经过他一番积极的心理暗示，原来自己身体的每个部分都与名人、伟人、智者扯上了关系，这样一来，自己肯定是一个前途无量的人。尼采曾这样说：“聪明的人只要能认识自己，便什么也不会失去。”只有学会欣赏自己，才能使自己充满自信，并从自信中获得快乐，使自己的人生不迷失方向。

座右铭启示

有这样一句话：“世界上或许有不少人值得欣赏，但你最应该欣赏的人是你自己。”波尔是丹麦的物理学家，他在年轻时就提出了量子论，然而，在一次科学讨论会上，权威们却否定了波尔的理论，但这并没有使波尔失去信心，反而更加努力地研究起来。为了寻找理论根据，他做了大量的试验，后来，科学家证明了波尔的观点，他因此荣获了诺贝尔奖。正所谓“天生我材必有用”，学会自我欣赏可以产生巨大的力量推动自己逐渐迈向成功，自信是成功的第一秘诀。

因为相信，所以成功

马丁·路德·金曾说：“在这个世界上，没有人能够使你倒下，如果你自己的信念还站立着的话。”有人曾问卡耐基：“是一种什么力量驱使你坚持了这么多年？”他只回答了两个字：“信念。”信念，当然是信念，心中怀着一份坚定的信念，执着地走下去，把实现人生目标作为一种人生的信念，这样才能产生巨大的力量。许多人失败了，并不是他们没有目标，而是没有能够坚定自己的信念，缺少了信念，他们就失去了坚持下去的力量。信念，是一个人成功的根本，信念的力量是巨大的，它支持着我们生活，催促着我们奋斗，推动着我们不断地进步。正是信念，创造了世界上一个又一个的奇迹。

在2008年末，英国《人物》周刊居然让一条狗登上了它的封面，而《人物》周刊对这条狗作了以下的描述：“它是降临在浮躁的英国的一种力量，它是笃定而欢快地照耀在任何一位迷失者前方的一盏路灯，它是早就藏好了眼泪和悲伤、只表露笑容与歌声的一种幸福，它的名字叫信念，它是一条狗，它是一条两条腿、像人类一样直立行走的狗。”

信念，本身就蕴含着巨大的力量，它将帮助我们走上成功之旅。

高尔基说：“只有满怀信念的人，才能在任何地方都把信念沉浸在生活中并实现自己的意志。”一个对信念不够坚定的人，他就像一根潮湿的火柴，永远不可能点燃成功的火焰。许多人的失败在于，不是因为他们不能成功，而是他们缺少了那份信念。

有一队人马在荒凉的沙漠中艰难地跋涉，他们已经在沙漠里走了很久很久。太阳不客气地释放着光和热，他们随身带的水已经不多了，随时都会有生命危险。走了长长的一段路，最后，大家都走不动了。这时，领队的老人从自己背上解下一只水桶，对大家说：“现在只剩下一桶水了，我们要等到最后一刻再喝，不然大家都会没命的。”

于是，他们继续无比艰难的旅程，而那桶水成为了他们心中唯一的希望，望着那沉甸甸的水桶，每个身体疲惫的人心中都有了对生命的一种信念：一定要坚持到旅程的最后一刻。但是，天气太炎热了，一个小伙子实在撑不下去了，他向老人乞求：“老伯，让我喝口水吧。”老人生气地回答：“不行，这水要等到最艰难的时候才能喝，你现在还可以坚持一会。”就这样，老人坚决地回绝了每一个想喝水的人。

眼看到了黄昏，大家发现领队的老人已经不见了，只有那个水桶孤零零地躺在前面的沙漠中，在沙地上写着一行字：“我不行了，你们带上这桶水走吧，要记住，在走出沙漠之前，谁也不能喝这桶水，这是我最后的命令。”每个人抑制住内心那份悲痛，继续向前出发了，而那只沉甸甸的水桶在每个人手里依次传递着，谁也舍不得喝上一口，因为他们清楚这是老人用自己的生命换来的。终于，他们走出了沙漠，喜极而泣之余，他们想到老人留下的那桶水，然而，打开桶盖，却从里面流出了沙子。

居里夫人说：“生活对任何人而言都非易事，我们必须有坚忍不拔的精神，最要紧的，还是我们自己要有信念，我们必须相信，我们对每一件事情都有天赋的才能，而且，付出任何代价，都要把这件事情完成，当事情结束的时候，你就能问心无愧地说：‘我已经尽我所能了。’”

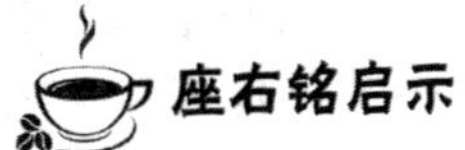

信念和希望是生命的力量，在许多时候，打败自己的并不是环境，而是自己。只要我们心中还保留着一丝希望，就要坚定自己的信念，努力追求，努力奋斗。在生活中，无论自己的处境是多么的糟糕，我们也要在心底保持一份信念，因为信念能使我们释放出巨大的力量。只要信念还在，那么希望就能够永存，命运也会对我们作出让步。

一个人能成为什么，是因为他相信自己是什么

美国著名学者爱默生曾说：“你，正如你所思。”研究那些所谓的成功者的成长经历，发现他们对自我都有一种积极的认识和评价，从而产生一种相当的自信。这种自信是一种魔力，即使他们在认清了自己的现状之后，依然能够保持奋勇前进的斗志，而这也是他们必须依赖的精神动力。每个人都梦想过自己能成为什么样的人，也许是科学家，也许是医生或者律师，不过，大多数人却只停留在梦想上，而不去实践。事实上，做自己想做的人，其实很简单，只要相信自己，朝着梦想勇敢地奋进，那么我们就真的能够成为我们所希望的那个人。

有一天，著名的成功学家安东尼·罗宾接待了一位走投无路、风尘仆仆的流浪者。那人一进门就对安东尼说：“我来这儿，是想见见这本书的作者。”说着，他从口袋里掏出了一本《自信心》，这本书是安东尼多年以前写的。安东尼微笑着请流浪者坐下，那人激动地说：“是命运之神在昨天下午把这本书放入了我的口袋中，因为当时我已经决定要跳进密歇根湖，了此残生，我已经看破了一切，我对这个世界已经绝望，所有的人都已经抛弃了我，包括万能的上帝。不过，当我看到了这本书，我的内心有了新的变化，我似乎看到了生活的希望，这本书陪伴我度过了昨天晚上，

我下定了决心，只要我能见到这本书的作者，他一定能帮助我重新振作起来，现在，我来了，我想知道你能帮助我什么呢。”安东尼打量着流浪者，发现他眼神茫然、满脸皱纹、神态紧张，他已经无可救药了，但是，安东尼不忍心对他这样说。

安东尼思索了一会，说：“虽然我没有办法帮助你，但如果你愿意的话，我可以介绍你去见本大楼的一个人，他可以帮助你东山再起，重新赢回原本属于你的一切。”听了安东尼的话，流浪者跳了起来，他抓住安东尼的手，说道：“看在老天爷的份上，请你带我去见这个人！”安东尼带着他来到从事个性分析的心理实验室里，面对着一块看来像是挂在门口的窗帘布，安东尼将窗帘布拉开，露出一面高大的镜子，流浪者看到了自己，安东尼指着镜子说：“就是这个人，在这个世界上，只有你一个人能够使你东山再起，你必须坐下来，彻底认识这个人，当作你从前并不认识他，否则，你只能跳进密歇根湖了，只要你有勇气来重新认识自己，你就能成为你想做的那个人。”流浪者仔细打量自己，低下头，开始哭泣起来。几天后，安东尼在街上碰到了那个人，他已经不再是一个流浪汉了，而是成为了西装革履的绅士，后来，那个人真的东山再起，成为了芝加哥的富翁。

如果对自己感到失望，而失去了生活的希望，那么，能够挽救自己的只有一个人，那就是自己。很多时候，我们希望上帝能救赎自己，甚至把自己的处境归结为被所有人抛弃了，其实，没有人能够抛弃自己，除非你已经抛弃了自己。当生活遭遇了挫折与困难的时候，我们唯一能做的就是勇敢向前，一步一步走出困境，最后，才会达成梦想，成为自己想做的那个人。

座右铭启示

小时候，幼儿园老师总是有意无意地引导我们：“将来长大了想做什么样的人？”有时候，我们会认为自己天生就知道自己能做个什么样的人。但是，长大后，我们会发现，我们早已忘记了儿时的梦想，在成长过程里，由于缺乏了勇气，我们将梦想搁浅了。不过，一个人究竟想成为什么样的人，或者内心深处想做什么样的人，这种感觉是不会变的。在追逐梦想的过程中，我们应该勇敢向前，克服畏惧心理，努力成为自己想做的那个人。

不胆怯，不犹豫，敢作敢为

在生活中，我们一贯主张“谨慎做事”，这本来是一则很重要的做事准则。但是，凡事都有两面性，优点和缺点会互相转化。做事谨慎是好事，但是，如果一个人做事过于谨小慎微，就会使自己的胆子越来越小，眼睁睁地看着机会从眼皮底下大摇大摆地溜走。很多时候，需要敢作敢为，换句话说，就是做事时要有一股闯劲，不能畏首畏尾，否则只会误了大事。如果做任何一件事情，你都前前后后计算好了才去做，那么，恐怕机会早就被别人抢走了。

三国时期，司马懿极具军事才能，但是，他做事太过于谨小慎微，竟中了诸葛亮的“空城计”。

街亭失掉后，魏将司马懿乘势引大军十五万向诸葛亮所在的西城蜂拥而来。但是，诸葛亮身边没有大将，只有一班文官，所带领的五千军队，也有一半人去运粮草了，只剩下二千五百名士兵在城里。众军听到司马懿带兵前来的消息都大惊失色。诸葛亮登城楼观望后，对众军说：“大家不要惊慌，我略用计策，便可教司马懿退兵。”

于是，诸葛亮传令，将所有的旌旗都藏起来，士兵原地不动，如果有私自外出以及大声喧哗者，立即斩首。同时，把四个城门打开，每个城门之上派二十名士兵扮成百姓模样，洒水扫街。而诸葛亮本人则批上鹤氅，戴上高高的纶巾，在望敌楼前凭栏坐下，慢慢弹起琴来。

司马懿的先头部队来到城下，见到这种气势，不敢轻易入城，便急忙返回报告了司马懿。司马懿听了，哈哈大笑：“这怎么可能？”于是，他亲自飞马观看，看到此般情景，疑惑不已。做事一向谨小慎微的他不敢贸然闯入，只好下令军队撤退。

后来，司马昭说："莫非是诸葛亮家中无兵，所以故意弄出这个样子来？父亲您为什么要退兵呢？"司马懿说："诸葛亮一生谨慎，不曾冒险，现在城门大开，里面必有埋伏，我军如果进去，正好中了他们的计，还是快快撤退吧！"

等到各路军马都撤退以后，诸葛亮的士兵问道："司马懿乃魏之名将，今统十五万精兵到此，见了丞相，便速退去，何也？"诸葛亮说："兵法云，知己知彼，百战不殆。如果是司马昭和曹操的话，我是绝对不敢实施此计的。"

诸葛亮说："兵法云，知己知彼，百战不殆。如果是司马昭和曹操的话，我是绝对不敢实施此计的。"其实，诸葛亮深知司马懿本身是一个做事谨小慎微的人，他从来不打没有把握的仗。一旦他觉得前面有埋伏，他就会选择撤退，而诸葛亮恰恰算准了他这样的心理。虽然，谨小慎微让司马懿做成了不少成功的事情，但在"空城计"里，他却偏偏因过分谨慎而中计了。

座右铭启示

每个人都有自己的追求，或金钱，或名望，或权利，或爱情，或崇高的理想信念，等等。不同的是，有的人在追求的驱动下一往无前并成功了，而大多数人面临的，不是止步不前就是难堪的失败，这是为什么呢？当我们观察那些所谓的成功人士的时候，你会发现他们身上有一个共同点——敢想敢做。当我们有一个好的想法，或当我们面临一项艰巨的任务时，不要畏惧，而是要迅速行动起来。瞻前顾后，谨小慎微，只会让你犹疑不前，而只有行动起来，并不断进行调整，才能最终成就大事。

上帝，原来那扇门是虚掩着的

人生是一叶小舟，勇气是引航的灯塔和推进的风帆，没有勇气的人生就像是失去了方向和动力的小舟，只能在生活的波浪中随处漂泊，有可能还会沉没在激流之中。在人生的旅途中，我们需要一份勇气，即使有能力、有才华，但若是缺少了勇气，那些潜在的能力就会成为镜花水月，而只有勇者才能抵达成功的彼岸。

在1968年的墨西哥奥运会上，美国选手吉·海因斯以9.95秒的成绩打破了男子百米赛跑的世界纪录。当时，全程都有摄像镜头记录，海因斯在撞线后回头看了一眼记分牌，然后摊开了双手说了一句话。这个镜头被电视机前的观众所看到，但是，由于当时海因斯身边没有话筒，所以，他到底说了句什么话，没有人知道。

1984年，洛杉矶奥运会前夕，一位名叫戴维·帕尔的记者在办公室回放奥运会的资料片，当他再次看到海因斯的镜头时，心想：这是历史上第一次在百米赛道上突破10秒大关，海因斯在看到记录的那一瞬间，一定说了一句不同凡响的话。不过，这一个关键的新闻点，居然让在场的431名记者给漏掉了，这真是个遗憾。于是，戴维·帕尔决定去采访海因斯，问他当时到底说了一句什么样的话。

戴维·帕尔很快就找到了海因斯。但是，回忆起16年前的往事，海因斯却一头雾水，他甚至否认当时自己说了话。戴维·帕尔说："你确实说话了，有录像带为证。"海因斯打开了帕尔带去的录像带，看完之后，他笑了，说道："难道你没有听见吗？我说，上帝啊，原来那扇门是虚掩着的。"戴维·帕尔好奇地问："你能解释这句话吗？"海因斯说："自从欧文斯创造了10.3秒的成绩之后，医学界就断言，人类的肌肉纤维所承载的运动极限不会超过每秒10米，看到自己9.95秒的记录后，我惊呆了，原来10秒这个门不是紧闭着的，它虚掩着，就像终点那根横着的绳子。"

试想，也许，在当时与海因斯条件差不多的运动员应该不少，但是，他们在最后都没有获得成功，而海因斯却赢得了胜利，这是因为海因斯战胜了自我，鼓起了勇气推开了那扇虚掩着的门。

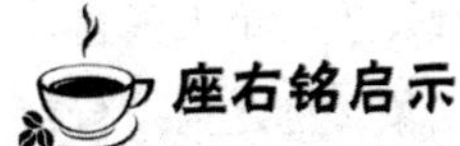

座右铭启示

英国作家莎士比亚说："真正勇敢的人，能够智慧地忍受最难堪的屈辱，不以身外的荣辱介怀，用息事宁人的态度避免无谓的横祸。”面对充满压力和困难的生活，没有勇气是不行的。

自信多一分，成功就可以多十分

有一个美国青年叫亨利，他个子很矮，内心很自卑，30多岁依然一事无成，整天坐在公园里唉声叹气。一天，亨利的好朋友找到他，兴高采烈地对他说：“亨利，告诉你一个好消息！”亨利不相信，没好气地说道：“我哪有什么好消息。”朋友高兴地说：“真的是好消息，我看到一份杂志，里面有一篇文章，讲的是拿破仑有一个私生子流落到美国，这个私生子又生了一个儿子，他的全部特点跟你一样：个子矮矮的，讲的是一口带有法国口音的英语……”亨利半信半疑：“真的是这样吗？”开始，亨利不愿意相信这是事实，可是，当他拿起那本杂志琢磨了半天，他终于相信了自己就是拿破仑的孙子。

这一发现让他完全改变了自己的内心，以前，亨利觉得自己个子矮小，非常自卑，现在，他开始欣赏自己的这一特点，他心想：矮个子有什么不好！我爷爷就是靠这个形象指挥千军万马；以前，他觉得自己的英语讲得不好，像个乡巴佬一样，但是，现在，亨利为自己拥有带法国口音的英语而自豪。亨利变得无比自信起来，每当遇到困难的时候，亨利就对自己说：“在拿破仑的字典里是没有‘难’字的。”就这样，亨利一直相信自己就是拿破仑的孙子，他克服了一个又一个的困难，三年之后他成为一家大公司的董事长。后来，亨利请人去调查自己的身世，发现自己其实并不是拿破仑的孙子，但是，亨利说：“现在我是不是拿破仑的孙子，已经不重要了，重要的是我懂得了一个成功的秘诀：人生不能没有自信。”

心理学研究中把这种因外界某种刺激的作用，而激发了一个人的自信心，使人重新振作，努力实现自己的志向的社会心理现象，称之为“自信心效应”。自信心是一个人对自己力量充分估计的一种自我体验，是自我意识的能动表现。每一个想要成功的人都不可能缺少强烈的自信心，艺术大师徐悲鸿曾说：“人不可有自负，但不可无自信。”如果说自卑是成功的敌人，那么自信就是成功的第一秘诀。

座右铭启示

在生活中，有许多身有残疾或者处于逆境中的人，他们之所以能取得旁人难以想象、难以达到的成就，正是因为他们有一股强大的精神动力——自信心。一个自信心很强的人，他会相信自己的力量，无论什么样的困难与挫折都不能阻挡他前进的步伐，从而赢得成功。相反，一个缺乏自信心的人，他看不到自己的力量，看不到自己的优点与长处，在追逐目标的过程中，他失去了克服困难的信心和勇气，最终，他只能面对失败，而与成功失之交臂。人生需要有自信心，永远不放弃自己追寻的目标，那就没有什么不可能。

相信自己能，便会攻无不克

爱默生曾说：“相信自己能，便会攻无不克……不能每天超越一个恐惧，便从未学会生命的第一课。”如果有人说“水声可以卖钱”，你一定会说：“这是不可能的事情。”但是，在美国有个人用立体声录下许多潺潺的水声，复制后贴上“大自然美妙乐章”的标签高价出售，大赚了一笔。在日常生活中，许多事情告诉我们一切都是有可能的，在我们的字典里从来没有“不可能”这三个字。在这个世界上，没有什么事情是不可能做到的，有许多事情，只要你有信心去做，你就能成功。当然，我们需要在思想上挣脱“不可能”这个束缚，从行动上向“不可能”挑战，这样我们才能将“不可能”变成“一切皆有可能”。在这个世界上，一切皆有可能，只要我们敢想，只有我们对自己充满信心，那些看似“不可能”的事情会成为无限可能，让“不可能”只出现在字典里，用信心去战胜现实。

贝勒夫人是一位文学老师，她和蔼可亲，深受学生们的敬重。有一天，贝勒夫人给学生们带来了特别的一节课。开始上课了，贝勒夫人首先让学生们在纸上写出自己不能做到的事情，一个10岁的女孩子这样写道“我无法完整地背出太长的课文”“我不会骑脚踏车”“我不知道怎样才能让别人喜欢我”……虽然她已经写了半张纸，却丝毫没有停下来的意思，仍认真地写着。贝勒夫人也忙着写自己不能做到的事情：“我不知道如何让孩子的家长都来”“我不知道怎样帮助玛丽提高她对数学的兴趣”，等等。过了10多分钟，许多学生都已经写满了一张纸，有的学生开始打开了第二张纸，不过，贝勒夫人及时制止了这一行为：“同学们，写完一张就行了，不要再写了。”学生们按着贝勒夫人的指示，把那些写满“不可能做到的事情”的纸对折，然后按顺序来到讲台，把纸放进一个空的鞋盒里。

等所有的纸条都放进去以后，贝勒夫人把自己的纸也放了进去。然后，她将盒子盖上，夹在腋下领着学生走出了教室，路过杂物室的时候，贝勒夫人找了一把铁锹，领着学生来到了运动场，她挑选了一个最边远的角落，开始挖坑。10分钟后，坑挖好了，贝勒夫人吩咐学生将那个鞋盒埋在“墓穴”里，贝勒夫人神情严肃地说：“孩子们，现在请你们手拉着手，低下头，我们准备默哀。朋友们，今天我很荣幸能够邀请到你们前来参加‘我不能’先生的‘葬礼’，‘我不能’先生在世的时候，曾经与我们的生命朝夕相处……您的名字几乎每天都要出现在各种场合，当然，这对于我们来说是非常不幸的……我们更希望您的兄弟姊妹‘我可以’‘我愿意’‘我立即就去做’等能够继承您的事业……愿‘我不能’先生安息吧，也祝愿我们每一个人都能够振奋精神，勇往直前！阿门！”

接着，贝勒夫人带着学生回到了教室，还举办了一个庆祝活动。贝勒夫人用纸剪成了一个墓碑，上面写着“我不能”，中间则写上“安息吧”，下面还标明了日期。贝勒夫人将这个墓碑挂在了教室中，每当有学生无意中说“我不能”的时候，贝勒夫人就会指着这个墓碑，学生们便会想起“我不能”先生已经死了，进而想出解决问题的办法。

生活中有许多困难与挫折，面对这些困境，许多人总是不由自主地说“我不能……”，在这样一种心理的影响下，他们不敢正视现实中的挑战，对自己缺乏信心，最后导致自己的潜力并没有得到充分的发挥。其实，我们之所以不能成功的原因在于：缺乏自信，总是被“我不能先生”左右。所以，不妨试着把“我不能”埋在地下，相信自己，用积极乐观的心态来面对一切，这样那些困难与挫折就会迎刃而解。永远不要让“不可能”禁锢自己的手脚，对自己要充满信心，勇敢地向前迈进，坚持到底，那么，“不可能”就变成了“一切皆有可能”。

座右铭启示

如果说信仰是引导我们走向成功的灯塔，那么自信就是我们到达人生顶峰的动力。成功来自于自信，自信者有着决胜的信念，在他们的字典里是没有“不可能”这三个字的，他们不达到目的就不罢休，“咬定青山不放松”，使“不可能”变为“可能”。其实，能够打垮自己的往往不是别人，而是自己内心的“不可能”，所以，相信自己，相信“一切皆有可能”，不要把一次失败就看做是人生的终审。

你比自己想象中更优秀

美国学者詹姆斯根据自己的研究成果，得出了这样的结论：“普通人只开发了他蕴藏能力的十分之一，与应当取得的成就相比较，我们不过是在沉睡，我们只利用了我们身心资源的很小的一部分，甚至可以说一直在荒废。”每个人都拥有一座潜能的宝藏。其实，我们每个人都拥有自己的价值，在内心深处潜藏着巨大的潜在力量，它一直在等待我们去挖掘。这种价值一旦被发现了，将给我们带来无穷的信心和能量。许多人不明白自己的价值所在，他们也不知道自己到底具有多大的潜能，所以，谁也不知

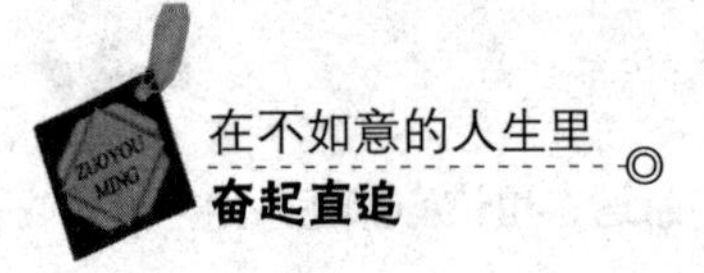

道自己到底会有多么伟大。事实上，一个人的价值有时候是显现的，但在很多时候都是隐藏的，而在每个人的身体里，都蕴藏着巨大的能量，这就是我们的价值所在。只要我们勇于去寻找真实的自我，激发出自己无穷的能量，就能够彰显自身的价值，这会让我们人生的每一刻都过得精彩。

约翰在哈佛音乐系研修钢琴，他的指导教授是一位有名的音乐大师。第一天，教授就递给约翰一份乐谱，说："试试看吧！"由于乐谱的难度比较高，约翰弹得错误百出，教授鼓励他说："还不成熟，回去好好练习！"约翰回家练习了一个星期，打算在第二次课上让教授验收自己的成绩，但是，没想到教授又递给自己一份难度更高的乐谱，对他说："试试看吧！"约翰挣扎着应付高难度的挑战，然而，在第三周，更难的乐谱出现了。这种情形不断持续着，约翰每次上课都会被一份全新的、难度更高的乐谱所困扰，他怎么也赶不上进度，往往是上周的练习还没有驾轻就熟，而下一次挑战又来了，约翰感到十分沮丧，心中满是失望，甚至他觉得自己根本不是学钢琴的料。

这天，他像往常一样进入了练琴室，却发现在钢琴上摆着一份全新的乐谱。"超高难度……"约翰翻着乐谱，喃喃自语，他似乎觉得自己的心跌到了谷底，自己练习钢琴已经3个多月了，每次练习音乐教授都会拿出全新的乐谱，不断地提高难度。约翰勉强打起精神，开始了练琴。不一会儿，教授走进了教室，约翰忍不住了，他必须向教授询问这三个月为什么要这么折磨自己。但是，教授并没有说话，而是拿出了最早的那份乐谱，交给约翰："你来弹这份乐谱吧！"不可思议的事情发生了，在约翰的十指下，一曲美妙而精湛的曲子缓缓流出，教授慢慢说道："如果我不这样训练你，可能你现在还是在练习最早的那份乐谱，也就不会有这样的成绩出现……"

每个人的潜能是永远挖掘不完的，它就像一座永远挖不尽的金矿。只要相信自己，你就可以通过开发潜能来获得所需要的一切东西，一旦唤醒潜在的巨大力量，我们的生活就会出现奇迹。只要我们能够善加利用这份潜在的力量，我们就能够实现自己的梦想。面对困难，我们往往不知所措，其实，我们并不是输给了困难，而是输给了我们自己，有时候，我们会低估自己的能力。

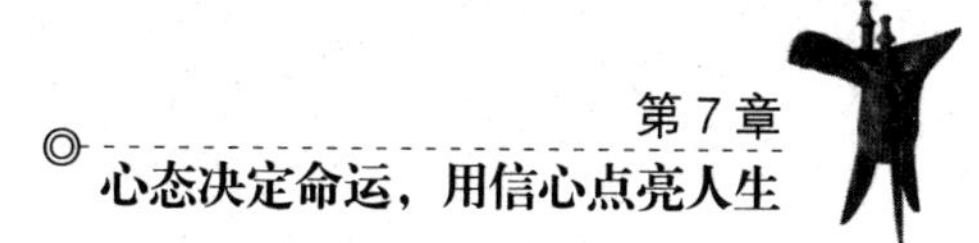

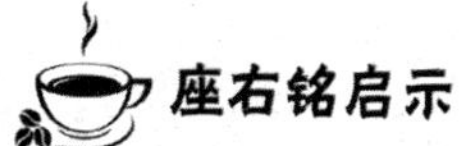

座右铭启示

你永远比你想象中更优秀。在现实生活中，也许我们会遭遇许多困难，导致一些问题没有能够得到解决。其实，问题本身没有太大的难度，而是我们把问题想得太复杂了，以至于我们不敢去面对它。如果仅仅是因为低估了自己的能力而失败了，那自然是得不偿失的。所以，相信自己，努力挖掘自己的潜能，为人生点缀出不一样的精彩！

第 8 章
待人宽一分是福，利人实是利己

人生的诸多问题，牵念无益，依恋无趣，每一次成长都有一串沉重的往事，每一次蜕变都有一番苦苦的徘徊。在人与人的交往中，多一分体谅和担待，就多一分和气与机会，正所谓心宽路自宽，造福别人，定会庇佑自己。

要想钓到鱼，得知道鱼儿想吃什么

英国首相劳埃德说：“要想钓到鱼，得知道鱼儿想吃什么。”虽然，这样的比喻有点不那么恰当，但是，人与人之间的关系确实如此，人际交往实际上是需求的互补，想要从对方身上得到想要的东西，你只能体察对方的心思，去满足对方的需求。也许，有人会不以为然，交往的双方都是平等的，凭什么自己就需要低声下气地去满足对方的需求呢？当你了解了这是需求的互补，就不应该感到心理不平衡了，因为只有你满足了对方的需求，他才会满足你的需求，你有所失去但也有所获得。相反，如果你只是取而不予，这样就很难维持交往的关系。在社会中，每个人都是离不开社会的，当你想要在这个复杂的社会中获得更好的生活，就必须加强人际交往。一个人的成功，只有百分之十五是由于他的专业技术，而剩下的百分之八十五都是源于他的人际关系。所以，那些各方面都很成功的人士，总是会先考虑到对方的需求，进而再达到自己的目的。

报社最近有人事变动，总编因为进修去了美国，所以，调来一个新总编。新总编还没有正式报道，报社里上上下下就议论开了，不知道在哪里听到了小道消息，编辑小慧就嚷开了：“听说新来的总编从来没有担任过任何职务，在以前的报社也是个小职员。”“啊？”十几个员工立即傻眼了，旁边一位小伙子笑道：“那还不如我来当这个总编呢，至少我在学校时还是班长呢。”“哈哈……”大家笑起来，谁都知道这话是故意说的。小慧又嚷道：“他在以前的报社都是坐办公室的，从来没有从事过一天的最基层的采访工作。”“这样子的水平，怎么能领导咱们报社呢？”“就是啊，就是来我们报社做个小职员都还不够格呢。”大家越说越激动，都对这位还没有谋面的新总编有了不屑的看法。

周一，新总编来上任了。他看起来很年轻，脸上总挂着笑容，样子很温和。在早会上，他笑着自我介绍说：“来到咱们报社，有一种小材大用的感觉，别说是做总编，就是当资料室的职员恐怕也不够格。我来这儿的目的之一是体验一下做记者的艰辛，顺便坐一下新闻记者的大车，同时也希望得到各位外勤同事的帮助，将来去某银行请求他们合作时，替本报同事办一下郊区购房分期付款。”他的话还没有讲完，大家都觉得这个新总编还不错，响起了一片掌声，本来还不服气的员工纷纷都开始支持他了。原来，新总编早知道大家不服气，所以特地考虑了同事们的想法，打消他们心里的顾虑。

新来的总编能够设身处地地为同事着想，并且表示自己愿意与他们一起体验生活。就是那几句简单而又朴实的话语，无形之中拉近了他与同事们之间的距离，更重要的是他对同事们一直焦虑的住房问题给予了高度重视，所以，他也受到了同事们的拥护，这对于他展开新的工作有了莫大的帮助。

座右铭启示

在人际交往中，彼此的尊重与友好也是交际的原则之一。在这里，渴望他人的注意，并希望他人感到自己的重要，是每个人内心的需求之一。因此，在实际的人际交往中，要学会体察对方的心思，满足对方的这种需求，你只需要学会一点，那就是真诚的赞美。当你在赞美对方的时候，意味着你比较看重对方，而且赞美也是一种财富，你赞美对方，对方也会对你报以信任和好感。当然，每个人的需求不一样，有的人渴望听到别人的赞美，有的人却不喜欢听那些华而不实的话；有的人希望你认同他的兴趣爱好，有的人则不喜欢在他人面前提起自己的事情。

为别人留余地就是为自己留余地

中国有句老话：“为别人留余地就是为自己留余地”。事实上的确如此，我们都是社会人，都要和周围的人打交道，难免产生分歧，但不管谁是谁非，“得罪”别人无论从哪个角度来说，都不是一件好事。此时，你一定要记住，永远不要与人争执，逞口舌之能仅图一时之快，终究你赢不了什么。永远不要争执的意思就是，不要和人针锋相对、斤斤计较……永远不要和人争执体现的是一种“放下”的智慧，是豁达的心胸、宽容的理念、做人的技巧、宽恕的美德……相反处处爱和人争执是自私的表现，凡事应先站在别人的立场考虑问题，然后作出反应和行动，才是明智之举。

宋朝时，有一位精通《易经》的大哲学家邵康节，他与当时的著名理学家程颢、程颐是表兄弟，同时和苏东坡有往来。但二程和苏东坡一向不睦。

邵康节病得很重的时候，二程兄弟在病榻前照顾。这时外面有人来探病，程氏兄弟问明来的人是苏东坡后，就吩咐下去，不要让苏东坡进来。

躺在床上的邵康节，此时已经不能再说话了，他就举起一双手来，比成一个缺口的样子。程氏兄弟有点纳闷，不明白他做出的这个手势是什么意思。

不久，邵康节喘过一口气来，说：“把眼前的路留宽一点，好让后来的人走走。”说完，他就咽气了。

邵康节的话是很有道理的，人活一世，真正的大智慧是懂得运用发展的眼光看问题，千万不要让/任自己的思维和言行沿着某一固定的方向发展，走到极端，因为事物是复杂多变的，任何人都不能凭着自己的主观臆断，来判定事情的最终结果。如果你是个做事容易冲动的人，与人发生争执/冲突也很正常，但即使在这种情况下，也不要口出恶言，更不要说出“情断义绝”“势不两立”之类过激的话。不管谁对谁错，最好都闭口不言，以便他日狭路相逢还有个说话的余地。

俗话说得好：“三十年河东三十年河西。”在社会发展日新月异的当今时代，那些曾经和你为了小事争执不下的“敌人”，转眼间就可能会成为你的商业伙伴、同事或者领导，人情世事的变化速度更快，社会生存的空间也变得越来越小，用不了“十年”，每个人的社会地位、人际关系、生存状况等就可能发生此消彼长的变化，人们相互间更是“低头不见抬头见”。如果把话说得太满、过绝、咄咄逼人，让对方下不来台，将来一旦发生了不利于自己的变化，就难有回旋的余地了。

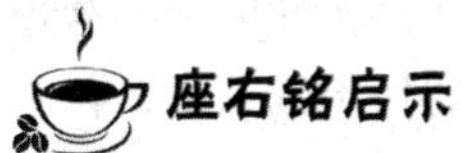

永远不要与人争执，争执永远不能使对方信服于你，即使你赢了。“世人都很精明，你如何让人信服你并愿意支持你才是最重要的”，李嘉诚靠的就是这个理念才成为万人景仰的财富巨人。心理学家建议，在“开战前”30秒，先问自己三个问题：一、究竟是什么在让你生气？二、这件事情是否很糟糕，需要通过吵架来解决？三、吵架能解决问题吗？在回答完这三个问题后，你会发现，有些事情根本不值得争吵。

放下猜疑，重建信任

生活中，我们常会碰到一些猜疑心很重的人。可能曾经受到他人的欺骗，也可能是本性使然，他们整天疑心重重，总感觉会被他人加害，认为人人都不可信、不可交。我们不能否认的一点是，在现代社会，信任不知何时也成了奢侈品，我们在媒体上看到了太多因为信任别人而上当受骗的例子。于是每个人都开始用怀疑的目光揣测身边的人，信任似乎开始远离我们的生活。然而，信任是我们生活中最不可少的一件事物，如果缺少了信任，我们的生活就失去了阳光，世间就缺少了温暖。

一艘货轮在烟波浩渺的大西洋上行驶。突然，一个在船尾搞勤杂工作的黑人小孩不慎掉进了波涛滚滚的大西洋。孩子大喊救命，无奈风大浪急，船上的人谁也没有听见，他眼睁睁地看着货轮拖着浪花越走越远……

求生的本能使孩子在冰冷的海水里拼命地游，他用尽全身的力气挥动着瘦小的双臂，努力使头伸出水面，睁大眼睛盯着轮船远去的方向。

船越走越远，船身越来越小，到后来，什么都看不见了，只剩下一望无际的汪洋。孩子的力气也快用完了，实在游不动了，他觉得自己要沉下去了。放弃吧，他对自己说。这时候，他想起老船长那张慈祥的脸和友善的眼神。不，船长知道我掉进海里后，一定会来救我的！想到这里，孩子鼓足勇气用最后的力量又朝前游去……

船长终于发现那黑人孩子失踪了，当他断定孩子是掉进海里后，下令返航回去找。这时，有人规劝："这么长时间了，就是没有被淹死，也让鲨鱼吃了……"船长犹豫了一下，还是决定回去找。

终于，在那孩子就要沉下去的最后一刻，船长赶到了，救起了孩子。

当孩子苏醒过来之后，跪在地上感谢船长的救命之恩时，船长扶起孩子问："孩子，你怎么能坚持这么长时间？"

孩子回答："我知道您会来救我的，一定会的！"

"你怎么知道我一定会来救你的？"

"因为我知道你是那样的人！"

听到这里，白发苍苍的船长"扑通"一声跪在黑人孩子面前，泪流满面："孩子，不是我救了你，而是你救了我啊！我为我在那一刻的犹豫而耻辱……"

从这个故事中，我们可以感受到，能够被一个人完全信任是一种幸福，能够毫无保留地信任一个人也是一种幸福。其实，我们原本的生活很简单，因为人为制造的原因，才使之变得复杂起来。而这种复杂的活法，又多是功名利禄惹的祸。比如，为了一己私利、一时功名，人与人之间不惜勾心斗角，尔虞我诈，于是就活得累；比如，为了猎取尽可能多生不带来、死不带去的"身外物"，人与人之间就不惜明争暗斗，相互算计，于是信任不再，每个人就活得沉重。因此，要放下猜疑，首先就必须要放下那些所谓的身外之物，让自己重生。

座右铭启示

懂得信任他人的人才会拥有朋友和良好的人际关系，而这些是决定一个人成功的不可缺少的因素。正如雷纳夫妇指出的："要想顺利开展工作，人们就必须构建相互信任的协作关系。"在人生的过程中，应该多一些信赖，少一些谋略，多一点豁达，少一些算计。

宽容是智慧的处世之道

宽容是一种美德，如果我们不能以善良、忍耐和宽容的心情来包容这个世界，那么，这个世界上将永远是忧伤和哀叹，而快乐与幸福将远离我们。有人不明白，宽容到底是什么？当一只脚踩到了紫罗兰的花瓣上，而鞋底却保留着花的香味，这就是宽容的最好诠释。屠格涅夫说："不会宽容别人的人，也不配得到别人的宽容。"如果我们要想赢得别人的宽容，自己首先就要能宽容对方，所以，宽容又是相互的，不仅嘉惠了别人，而且还提升了自己。古人云："金无足赤，人无完人。"谁都有犯错误的时候，更何况"知错能改，善莫大焉"，当一个人无意犯下了错误，或者是无意间伤害了你的时候，何不给对方一个宽容的微笑呢？

迈克尔是约翰逊的朋友。一天，他正走在街上，边走边把竹条缠绕在身上玩，一不小心，竹条的一端脱了手。当时，迈克尔正在木桥边，农民罗宾逊的儿子在那里放了一罐水，准备挑回家。正巧，迈克尔的竹条弹回来把水罐打翻了，但是，罐子并没有破碎。迈克尔急忙赔礼道歉，谁知道，罗宾逊的儿子跑过来就开骂，丝毫不理会迈克尔的解释，突然，罗宾逊的儿子抓住了迈克尔的竹条，将那根漂亮的竹条折扭了。

这竹条是父亲送给自己的，如今扭成了这样子，迈克尔十分生气，满脸通红，不停地咕哝着："我一定要报复他，我要他从心底感到后悔。"约翰逊正好从那里经过，他好奇地问道："谁？你要报复谁呀？"迈克尔抬头一看，见是自己的好朋友，便把自己的遭遇讲述了一遍。听了迈克尔的"发泄"，约翰逊笑着说："他的确是个坏孩子，但是，他已经受到了足够的惩罚，没有人喜欢他，他几乎没有什么朋友，也没有什么娱乐，这就是对他的惩罚，也足够你对他的报复了。"迈克尔却执意说："那竹条可是父亲送我的礼物，那么漂亮的竹条，我只是无意间打翻了他的罐子，我一定要报复他。"

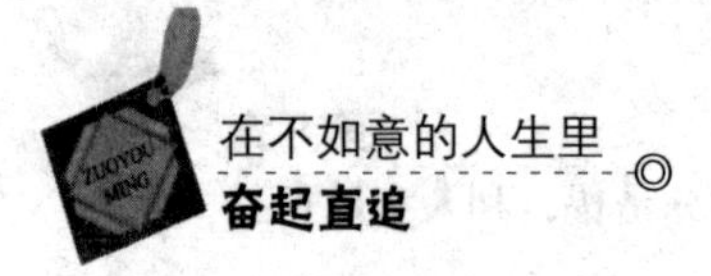

约翰逊无奈地说：“好吧，迈克尔，不过我认为你不要理会他会更好些，因为轻视就是你对他最大的报复了。”说完了，约翰逊想起了一个笑话：“有一次，罗宾逊的儿子看到了一只蜜蜂在花丛中飞来飞去，就想把它抓住再揪掉它的翅膀，可是，他很倒霉，蜜蜂蛰了他一下，然后又安全地飞进了蜂巢，他被疼痛激怒了，就像你现在这样，他发誓要报仇。于是，他找来了一根棍子，朝蜂巢捅了几下，顿时，一群蜜蜂飞了出来，向他扑去，蛰得他浑身上下都是伤痕。你看，这样的报复并不会得到最后的胜利，所以，我劝你不要计较他的鲁莽，他就是个坏孩子而已。”

听了约翰逊的讲的故事，迈克尔点点头：“你的建议的确不错，那么跟我一起到父亲那儿去吧，我想告诉他事情的真相，相信他不会生气。”迈克尔将事情的真相告诉了父亲，父亲十分感谢约翰逊给儿子的忠告。

过了几天，迈克尔又碰见了罗宾逊的儿子，他正挑着一担重重的木柴朝家里走去，结果，不小心跌在了地上，爬不起来。迈克尔跑过去帮他捡起了木柴，小罗宾逊感到十分愧疚，心里难受极了，为自己以前的行为感到后悔。而迈克尔则高高兴兴地回家去了，他想：“这才是最绅士的报复，以德报怨，对此，我怎么可能感到后悔呢？”

对于他人无意或有意犯下的过错，我们要学会谅解，放下心中的愤怒与仇恨，以平和心态来对待。报复，只会让我们获得一种暂时的快感，而之后的日子里，我们都将在悔恨与内疚中度过，因为我们永远背上了道德的枷锁。但是，若我们以平和的心态对待，以宽容的姿态拥抱对方，这才是最绅士、最高雅的惩罚，以德报怨，这样，我们就不会后悔了。

座右铭启示

艾比·克泰德说：“宽恕胜于报复，因为，宽恕是温柔的象征，而报复是残暴的标志。”事实证明，宽容比惩罚具有更强烈的感化力量，宽容待人，同时，也为自己创造一个融洽的环境。针锋相对，带来的只会是两败俱伤，而宽容能带来的则是一份美好的情感。正所谓“以恕己之心恕人则全交，以责人之心责己则寡过”，宽容不是迁就，更不是软弱，而是一种修养，更是一种充满智慧的处世之道。

人们在交往中应当多一些体谅而非责难

面对他人有意或无意造成的错误，如果我们总是愤怒或生气地指责对方，反而会使对方有种受伤的感觉，在他心里，第一感觉不是认识到自己的错误，而是感觉自尊受到了伤害。这样一来，他不但没有意识到自己错了，反而怀着对你的仇恨。而原谅则不一样，原谅能使一个人清楚地看到自己的错误，同时，还会心存感激。所以，面对他人的错误，原谅比挑剔和指责更有用。

有一次，发明大王爱迪生和他的助手辛辛苦苦工作了一天一夜，终于做出了一个电灯泡。他们非常珍惜这个成果，就叫来一个年轻的学徒，让他把这个灯泡拿到楼上的实验室好好保存。这名学徒知道这是个重要的东西，心里非常紧张，结果在上楼的时候，不住地哆嗦，一下子摔倒了，把电灯泡摔得粉碎。爱迪生非常惋惜，但没有责备这名学徒。过了几天，爱迪生和他的助手又用了一天一夜制作了一个电灯泡，做完后，爱迪生想也没想，仍然叫来那名学徒，让他送到楼上。这一次，什么事也没有发生，这个学徒安安稳稳地把灯泡拿到了楼上。事后，爱迪生的助手埋怨他说："原谅他就够了，你何必再把灯泡交给他呢，万一又摔在地上怎么办？"爱迪生回答："原谅不是光靠嘴巴说说的，而是要靠做的。"

在生活中，许多人习惯于责骂他人的错误，特别是当他人的错误对自己的生活产生不利影响的时候，他们的情绪有可能会一下子失控，这时，怨恨占据了他们的心灵，那些指责与辱骂就会随之而来。但是，如果仔细一想，就会发现指责与挑剔其实一点好处也没有，它只会让情绪变得更加恶劣，而他人在指责与挑剔之下也会心生不满。所以，在任何时候，原谅他人都是一个明智的选择，而且，正如爱迪生所说"原谅不是光靠嘴巴说的，而是需要靠做的"，我们必须以实际行动来让对方感受到，自己已经被谅解了。

座右铭启示

原谅了别人，我们才是真正的强者。佛说：“当你战胜了嗔恨的心魔，生命因此更自主、自在与自由。”真正的强者不是指责别人，挑剔别人，而是战胜自己，体谅别人，这样我们才能对他人的错误微笑对之。甘地曾要求自己不要怨恨任何人，他说：“我知道这很难做到，所以用最谦恭的态度，尽量达成这项自我的要求。”

一个快乐让人分享，就会变成两个快乐

一个人要学会分享，独乐不如众乐。在生活中，人们都希望自己的生活充满快乐，但快乐却不是常常光顾我们的生活。我们不仅要善于去发现快乐，更要把快乐传递给他人。当然，要想带给他人以快乐，我们自己先要快乐，如果自己都不快乐，用什么去传递给别人呢？做一个传递快乐的人，我们要善于去发现隐藏在生活中的快乐。有时候，一个微笑，一声问候，都能给对方带去快乐；帮助盲人过马路，帮助路人提行李。这些都能够将自己的快乐分享给他人，传递出自己的快乐，这更是一种难能可贵的爱心。

曾经有人说：“一个快乐让人分享，就会变成两个快乐。”当你把快乐分享给别人，快乐便增值了。

在第二次世界大战期间，多克是在野战医院工作的志愿者。战争给士兵带来了痛苦与烦闷，面对着医院里阴沉的气氛，为了帮助伤员驱走心中的阴云，给予伤员战胜痛苦的力量，多克在医院的墙上写了一句话：“没有人会在这里死去。”他的行为引起了人们的注意，大家都看到了这句话，同时，都记住了这句话，伤员们为了不让这句话落空而坚强地活着，众多医护人员对伤员也给予精心的照顾，大家对战胜死神充满了信心。多

克的那句话给大家带来了信心，带来了战胜痛苦的力量，最后，伤员们都康复出院，重返战场。

二战结束后，多克成为了一名邮差，他坚信自己除了给人们带去邮件之外，还能够给人们传递快乐。因此，在送邮件的路上，他总是带着许多纸条，上面写着鼓励的话语“别烦恼，今天是个不错的日子”“笑口常开”等。在他所到的地方，都给人们带去了快乐。

与他人分享自己的快乐需要有两个前提，一是自己是快乐的，二是自己乐意分享。因此，我们首先要学会分享，分享的道理其实很简单，假如你有2个苹果，只留下了1个，把另外1个给别人吃，当你给别人时候，你并不知道别人能给你什么，但是你一定要给，因为当他吃了你的苹果之后，他有可能会给你橘子或橙子，你得到的水果总量将不断增加。只要你确立了这样一种“交换能力”，你在这个世界上将会不断地得到别人的帮助。因此，当我们有了好吃的、好玩的东西时，不要忽略了身边的人，学会分享，我们会从中获得更多快乐。

座右铭启示

培根说：“如果你把快乐告诉一个朋友，你将得到两份快乐。”将快乐与他人分享，这本身就是一件很快乐的事情。当我们心中只有自己的时候，我们已经忘记了分享。当快乐来临的时候，假如只有自己一个人体会到了，那会让自己觉得孤单。同样的道理，如果身边的朋友有了快乐，他也会对你关闭“分享之门”，我们到最后就只剩下了孤单。所以，在生活中，我们都不要以自我为中心，有了快乐要乐于与大家分享，因为与他人分享快乐本身就是一件快乐的事情。

第 9 章

把握关键的机会，让命运随之转弯

在现实生活中，许多人总是抱怨没能遇到成大事的机会，事实上，机会是可遇不可求的，当机会来临的时候，能否以一双慧眼捕捉机遇，这才是决定一个人是否能成大事的关键。

立刻行动是成功的法则

有位伟人说过："世界上只有两种人：空想家和行动者。空想家们善于谈论、想象、渴望、甚至于设想去做大事情；而行动者则是去做！你现在就是一位空想家，似乎不管你怎样努力，你都无法让自己去完成那些你知道自己应该完成或是可以完成的事情。不过，不要紧，你还是可以把自己变成行动者的。"行动者比空想家做得成功，是因为，行动者一贯采取持久的、有目的的行动，而空想家很少去着手行动，或是刚开始行动便很快懈怠了。行动者具备有目的地改变生活的能力。他们能够完成非凡的事业，与此形成鲜明对比的便是，空想家只会站到一边，仅仅是梦想过这些而已。那么，活在当下的我们，如果你希望自己成为一名成功者，那么，从现在开始，你就得放下空想，给自己规划一个详细的人生目标，并按照自己的自身条件去为之奋斗。只要你这么想了，也这么做了，那么你的人生最终就是成功的。

有一名保险推销员叫孟列，他非常喜欢打猎和钓鱼。有一天，当他依依不舍地离开心爱的鲈鱼湖，准备打道回府时突发异想：在这荒山野地里会不会也有居民需要保险？他可不可以沿铁路向这些铁路工作人员、猎人和淘金者推销保险呢？

孟列在想到这个主意的当天就开始了积极计划。他向一个旅行社打听清楚以后，就整理行装。他不肯停下来让恐惧乘虚而入，因为在他看来，自己吓自己会使自己的主意变得荒唐，以为它可能失败。他也不左思右想找借口，他只上船直接前往阿拉斯加的"西湖"。

孟列沿着铁路走了好几趟，那里的人都叫他"走路的孟列"，他成为那些与世隔绝的家庭最欢迎的人，不只因有人愿意跟他们打交道，还因为他是第一个来向他们推销保险的人。

在孟列把突发的念头付诸实行以后，他一年之内就做成了百万元的生意，因而赢得“百万圆桌”上的一席地位。

我们可以看出，孟列是个实实在在的行动主义者，他的故事更加验证了一个道理，立即执行是成功永远不变的法则，只有行动才是成功的保证，不要给自己停下来左思右想的机会，更不要驻足，勇敢往前走，成功就在前方！

所以，不要怕实践你的梦想，不要因为恐惧而裹足不前，不要当生命走到尽头时，才恍然大悟原来你也可能有机会实现梦想，只是，你放弃了。有了梦想就不要空想，不妨勇敢地付诸实践!不要在意别人的嘲笑。如果没有勇气去大胆地尝试，你永远都不会知道自己的潜力有多大!

座右铭启示

俗话说：“空谈误国，实干兴邦。”大到国家，小到个人，万事万物都得由小到大。或许你现在做着看似平凡、没有前景的工作。但我们要坚信，事物发展的道路是迂回曲折的，巴纳德说过：“机会只偏爱那些有准备的人”。成功的秘诀在于着手去做。现在就采取行动，决不拖延，行动高于一切！把握现在的瞬间，从现在开始做。心动不如行动。愚公正是因为没有空想，才用行动移开了大山。

变坏事为好事，做乱世英雄

俗话说：“乱世造英雄。”乱世，本来就是一片混乱，民不聊生，在这样一个糟糕的环境里，怎么会有机遇呢？又哪里会出英雄呢？在兵荒马乱的年代，时局动乱不安，对于大多数人来说，只会想到如何逃命，如何生活下去，似乎这就已经足够了。许多人不相信在乱世中能有什么机遇。其实，当你心中有了好的念头，马上就付诸实践，必然赚得盆满钵满。当然，在和平年代，没有乱世可言，但是，我们依然可以学习其“危中求机”的智慧。现代社会，竞争日益激烈，一旦危机来临，我们也能从中求到好的机会，这样，变坏事为好事，这才是我们真正的目的。

胡雪岩所在的那个年代，太平天国运动风起云涌，市场不稳，社会动荡不安。然而，面对这样一个环境，胡雪岩并没有碌碌无为，他将更多的精力和时间都花费在生意上。胡雪岩敢于在乱世中寻找机遇，当其他的人在乱世中无所事事的时候，他的事业却已经开始了。

被信和钱庄解聘后，胡雪岩等待王有龄的归来。后来，王有龄捐官成功归来，胡雪岩在乱世中看到了商机，想亲自创办钱庄。为什么会选择创办钱庄呢？原因是多方面的，胡雪岩曾在钱庄当了几年的伙计，对这门生意自然十分熟悉，另外，胡雪岩本人对这个行业感兴趣。但是，真正决定他去行动的原因则是，这是一个绝好的商机。胡雪岩认为，在乱世中，如果能顺利开设一家钱庄，肯定会成为一桩好生意。

当时，太平天国运动似乎有愈演愈烈的形势，而农民起义则密集于长江中下游以及湘、闽一代。在这样一个兵荒马乱的年代，做其他一般的生意会遭到严重的冲击。可对于钱庄这个行业来说，无疑是一个好机会，由于市场动荡不安，银价的起落比较大，这样一来，钱庄就会有了低进高出的机会。当时，胡雪岩说：“只要看得准，兑进兑出，两面好赚。”不管是银票汇兑，还是放出，都会大赚一笔。

眼光敏锐的胡雪岩瞅准了这样的商机，义无反顾地开办了自己的钱庄。果然，由于他经营有方，再加上人们的大力支持，钱庄的生意日益兴隆，不久，还开了分店。就这样，抓住了一个好的机会，胡雪岩从一个身无分文的小伙计跃身变成了大商人。处于乱世，其实，并不像我们所想的那样，没有发展的机遇，相反，如果能够善于应付乱世，把握机会，你一样可以走向成功之路。胡雪岩就是一个在乱世中脱颖而出的英雄，因瞅准了时机，而一跃成为了大名鼎鼎的红顶商人。

现代社会，当然不存在乱世，但是，我们却时常遭遇危机。许多人总是将危机看做是灾难，心中认定只要危机出现，便会多出许多困难与麻烦。其实，危机，顾名思义，机遇藏在危险之中。对于那些善于把握机遇的人来说，危机并不全是灾难，其中还隐藏着许多机遇。只要抓住了机遇，就一定会成功，似乎，隐藏在危险中的机遇带给我们成功的可能性更大一些。

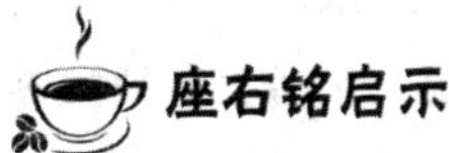

座右铭启示

马云曾说："作为一个商人，我觉得危机中总会含有机会，我是以非常积极的态度看待金融危机的。"其实，我们每个人都是可以的，只要你以积极的态度去看待危机，以敏锐的眼光发现其中的商机，那么，成功就是属于你的。谁说只有在顺境中才有成功的机会，事实上，危机越大，机会则越多，在很多时候，我们在危机面前一败涂地，那是因为没能发现其中的绝好机会。在生活中，好事与坏事是可以互相转换的，甚至，一个好事里面有可能隐藏着坏的契机，而坏事里往往隐藏着良好的征兆。当危险来临的时候，不要失去信心，而是善于看到机遇和光明，这样，你才能求得更多的机遇。那么，你所遭遇的坏事有可能就变成了好事。

不入虎穴焉得虎子

俗话说："不入虎穴焉得虎子。"如果不钻进老虎的洞穴，怎么会捉到小老虎呢。很多时候，机会并不是等待而来的，而是需要我们自己创造的。当然，创造机会是需要担当风险的，机会不会白白等着你。有的人即使发现了机遇，但如果缺乏了一种冒险精神，迟迟不出手，那么，转眼间，机遇就到了别人的手里。当然，冒险并不是有勇无谋，而是有勇有谋，在知道这件事不一定会成功的前提条件下，还是鼓起勇气去做，但是，在真正付诸实际行动之前，会制订一个妥善的计划，做好充分的准备，以此避免危险，只有这样，才能把握机会。相反，若是在走投无路的时候，慌忙采取冒险行为，那结果肯定会失败。

王传福说："最关键的是要有冒险精神。"当比亚迪科技有限公司刚刚成立的时候，日本充电电池一统天下，国内的许多厂家都是买来电芯自己组装，这样，利润少，几乎不存在竞争。经过一番思考，王传福将目光投向了技术含量最高、利润最丰富的电芯。如此冒险的想法，在国内还无先例。后来，比亚迪公司的镍镉电池销售量达到15亿块，排名上升到世界第四位。之后，王传福投入大量资金开始了锂电池的研发，很快便拥有自己的核心技术，并成为摩托罗拉的第一个中国锂电池供应商。

如果说这是王传福的第一次冒险，那么，决定制造汽车将是其第二次冒险。在2003年，比亚迪宣布以2.7亿元的价格收购西安秦川汽车有限责任公司77%的股份，由此成为继吉利之后国内第二家民营轿车生产企业。在2004年，深圳市有200辆比亚迪制造的锂离子纯电动汽车投入出租运营，成为全国第一家电动车示范区，真正实现了尾气零排放。

因敢于冒险，适时抓住了绝好的机遇。在短短七年的时间里，王传福将镍镉电池产销量做到了全球第一、镍氢电池排名第二、锂电池排名第三，年仅37岁便成为享誉全球的“电池大王”，坐拥338亿美元的财富。

有人说：“美国有很多讨论富人的书，都得出结论证明富人并不比普通人聪明，学识也不一定比一般人多。要说富人智商有多高，那纯粹瞎掰。这些富人之所以能成功，而很多智商、学识远远高过他们的人却成功不了，是因为富人们具有的冒险精神或是敢想敢做的精神确实比别人强。”或许，富人并不是成功的代名词，但是，他们无疑是成功的代表之一，而冒险精神正是他们成功的助推器。

座右铭启示

其实，冒险与机遇总是结伴而行的，要想抓住机遇，就应该有冒险精神。在生活中，常常有这样的人，还没开始做一件事情的时候，他们就会想：如果失败了怎么办？于是乎，为了不失败就选择了放弃。可是，等到别人成功之后，他会无奈地说：早知道，我也去做了。机遇已经流失了才想到后悔，为时已晚。所以，在生活中，面对任何事情，我们都要有冒险精神，如此，才能抓住稍纵即逝的机遇。

善于识别与把握时机是极为重要的

成功者说："凡事总要动脑筋，说到理财，到处都是财源。一句话，不管是做官的对老百姓，做生意的对主顾，如果你想要人家腰包里的钱，就要把人伺候得舒服，人家才心甘情愿掏腰包。"的确，那些所谓的成功者之所以获得成功，并不是因为机会青睐于他们，而是他们善于去发现机会，进而抓住机会。而且，机会只有对于那些善于发现机会并且能很好地利用机会的人来说，才能成为机会，才能为己所用。培根说："善于识别与把握时机是极为重要的。"一个成功的商人，具备了一双"火眼金睛"，抓住了每一次商机，最后，终成大事。在现实生活中，机会永远青睐于有准备、有把握的人，只要善于发现机会，其实，机会就在我们身边。

有一个人信仰上帝，每天他都在为上帝祈祷祝福，希望上帝能够眷顾自己。在他看来，上帝应该随时随地地帮助他底下的每一个信徒。为了证实这样的想法，他做了一个大胆的决定：不会游泳的他拿着救生圈来到了海中央，看是否上帝能给自己生存的机会。

做了一番祈祷后，他将救生圈扔掉了，他一边在水中挣扎，一边大喊："上帝，救救我，救救我！"这时，过来了一条渔船，船上的人抛下了救生圈，对他说："抓紧，我们拉你上来。"但是，他一边挣扎一边喊道："不用啦，上帝会救我的！"原来，在他心底一直坚信上帝会真的来救他。

过了一会，来了一艘快艇，有人抛下了救生圈，告诉他："抓紧，我们拉你上来。"但是，他还是放弃了求生的机会，他喊着："不用了，上帝会来救我的。"快艇开走了，一会儿，又来了一架直升机，飞机上的人放下了软梯，大声对他喊道："抓紧软梯，我们拉你上来。"那人拒绝了，依然喊道："不用，上帝会来救我！"刚说完，他就沉了下去，淹死了。

见到了上帝，他生气地质问：“我每天都在祈祷祝福你，对你那么的忠诚，你竟然对我见死不救。”上帝笑着说：“我派去了两条船和一架飞机救你，但是，你却没能把握每次机会，这能怪我吗？”

发现了机会，而不选择把握机会，那么，最终的结果肯定是惨败。或许，一个人的成功是多方面的，但是，是否发现机会，抓住机会，将机会为己所用，这和我们能否成功有着必然的联系。在现实生活中，并不存在什么幸运之神，机会也从来不会主动敲响我们的门，机会从来都是属于那些有准备，敢于拼搏的人，他们发挥自己的能力来寻找机会，并很好地利用机会。机会，本是无时无刻不存在的，重要的是在于你是否具备一双火眼金睛去发现并把握它。

座右铭启示

在现实生活中，许多人抱着“天上掉馅饼”的态度，坐等机会的到来，没想到，那些机会眼看就从手中偷偷溜走了。机会是需要发现的，而不是坐享其成。在我们身边，可能潜藏着无数的机会，你是否能成功，就在于你是否能发现，是否具有一双慧眼。一个人如果不善于发现隐藏在身边的机会，那么，上帝给你再多的机会，也是枉然。

一个把握眼前机会的人，十有八九可以成功

成功大师卡耐基说：“一个把握眼前机会的人，十有八九可以成功。”一个人若是真正地把握机会，让机会变成实实在在的财源，出手要快，更重要的一点就是学会乘势而行。得在时，不在争；机会大小在势，能否赚到大钱要看势有多大，势大机会就大。关于时势，自有一番分别：“时，需要等待，是一种天道酬勤的等待；势，可遇而不可求。时，要因时而动，时动则动；势，要顺势而为，赚足趋势。”如此，才能时势造英

雄。在现实生活中，很多时候，我们总是在等待机会的来临，殊不知，形势已经变了，之前所等待的机会如今就在眼前，那么，就要学会乘势而行，抓住机会，方可成功。

老张很早就想经营养殖业，可是，在一个穷苦的小山村，这谈何容易，比如说，养鱼，光是水源就是一大难题。无奈之下，老张只好作罢，日出而作，日落而息，耕种着自己那三亩田地。

去年，经常干旱的山村竟然迎来了一场暴风雨，下了三天三夜。大雨过后，山洪暴发，把老张家仅有的三亩田冲成了大坑，积满了十多米深的水。全家人见此情景，愁眉不展，感到生活没有了希望。老张围着大坑走了几圈，突然笑了起来，他对家人说："这不是上天给了我一个大鱼塘嘛，既然不能种地了，那就养鱼呗。"说干就干，他先到一个养鱼专业户那里学习了养鱼技术，又借钱买来了鱼苗，年底，他还了所有的借款，还剩下了一万多元。

从养鱼中尝到甜头的老张索性干到底，在第二年，又养鱼又养蟹，一年下来挣了好几万元，这可比以前耕种土地划算多了。

老张因祸得福，实际上他是乘势而上，如果没有那场山洪，他就圆不了自己的梦想；如果没有失去土地，他有可能还在土地上经营，那么，只能够温饱，哪能发家致富呢？本来，当形势未变的时候，即使花了大量的精力，也不能将事情做好；一旦形势有所变化，那些之前看起来困难的事情也变得简单了。所以，与其待时，不妨乘势，借着东风的力量，才能将船只划得更快更远。

座右铭启示

成功者说："做事情要如中国一句成语说的'与其待时，不如乘势'，许多看起来难办的大事，居然都顺顺当当地办成了，就是因为懂得乘势的缘故。"与其等待机会，不妨乘势而行，这样，机会反而掌握在自己手中。许多经验告诉我们，在事情的发展过程中，升势可能在跌势中产生，衰退也会从高潮中出现，因此，时机的选定非常重要，与其待时，不如乘势，如此，才能达到事情的尽善尽美。

成就事业，不仅需要乘势，更需要等待时机

作为一个成功者，不应局限于眼前的利益，而是应善于捕捉时机。做生意就是这样，有了投资，就不用愁回报，它定会在某个时机到来，这时候，就是自己辉煌之时。在生活中，做事应不急于求成，你越是着急，就越不利于事情的发展。反之，如果你先不急于求成，事情反而会朝着有利的方向发展。

有一天，一头驴不小心掉进了一口枯井里，农夫绞尽脑汁想办法救出它，但是，几个小时过去了，那头驴还在枯井里痛苦地哀嚎着。最后，农夫决定放弃，心想，这头驴反正年纪也大了，不值得大费周章去把它救出来，但是，无论如何，要将这口枯井填起来，以免其他动物掉进去。

于是，农夫请来了左邻右舍，大家一起帮忙将枯井填满，同时，也好免去驴的痛苦。农夫和邻居们手拿铲子，开始将泥土铲进枯井中。当那头驴了解到自己的处境时，眼里满是绝望，忍不住流下眼泪，并不断在枯井里发出痛苦的嘶叫声。但是，出乎意料的是，没过多久，这头驴就安静了下来。农夫好奇地探头往井底一看，出现在他眼前的景象却令他大吃一惊：当铲进枯井里的泥土落在驴身上的时候，它将泥土抖落在一旁，然后站到泥土堆上面。就这样那头驴将大家铲进去的泥土全部抖落在井底，然后再站上去，很快，那头驴便走出来了枯井。

当意识到自己将葬身于此，那头驴着急了，挣扎、痛苦地嘶叫，可是，这些似乎一点用也没有。没想到，伴随着灾难来临的还有机会，驴马上抓住机会，走出了枯井。在事情尚未成功的时候，智者会等待并抓住新的潜在的机遇，而愚者却对此无动于衷。所以，成功者从来不急于求成，他们就像猎豹一般默默潜伏时刻准备着，伺机等待机遇重拾成功。

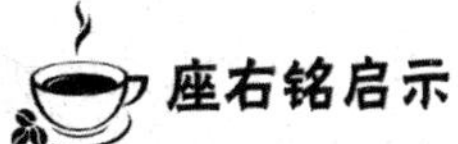

在现实生活中，我们总想做一些事情，却往往做不成。有时候，因为条件不具备，或者存在一些障碍。在这样的情况下，该如何办呢？坚持去做，有可能会一败涂地，那么，就选择等待吧。暂时先忍耐一下，等待最佳的时机，如此，我们才能重新奋起。扭转困局的转折点往往隐藏在我们没有注意的地方，假如我们能发现它、抓住它、利用它，那么，我们将有机会摆脱困境，获得成功。

人生只有一次机会，它从来不会给你一次同样的机会

机会稍纵即逝，抓住了就可以成功。如果抓不住的话，以后有可能也不会有那样的机会，那么，自己就将与成功擦肩而过。机会与成功本来就是密切联系的，但是，发现机会与抓住机会并不一样，只有抓住机会才能有可能成功。在现实生活中，有的人发现了机会，却犹豫不决，在左右为难中，机会也就消失了。所谓“机不可失，时不再来”，机会，并不是你想它来就来，而是来的时候要抓住它，否则，这次机会一旦错过，就没有重新再来的机会了。

在日常生活中，我们都有这样的经历：当车子快到十字路口的时候，看到前面的灯是绿灯，那就要抓紧机会趁灯还未变红之前开过去，错过了这个机会，就要等一阵子。红灯、绿灯的交替是频繁的，我们等不了多久就可以再有一次机会。但是，人生却只有一次机会，它从来不会给你一次同样的机会。因此，在每一次机会来临的时候，紧紧抓住，不要放手，如此才能促成事情的成功。

鸿门宴上，虽不乏美酒佳肴，但却暗藏杀机。项羽的亚父范增，一直

主张杀掉刘邦，在酒宴上，眼看着如此大好的机会，一再示意项羽发令，但项羽却犹豫不决，默然不应。

于是，范增召项庄舞剑为酒宴助兴，趁机杀掉刘邦。项伯为保护刘邦，也拔剑起舞，掩护了刘邦。在危急关头，刘邦部下樊哙带剑拥盾闯入军门，怒目直视项羽，项羽见此人气度不凡，只好问来者为何人，当得知为刘邦的参乘时，即命赐酒，樊哙立而饮之，项羽命赐猪腿后，又问能再饮酒吗，樊哙说："臣死且不避，一杯酒还有什么值得推辞的。"樊哙还乘机说了一通刘邦的好话，项羽无言以对，刘邦乘机一走了之。

刘邦部下张良入门为刘邦推脱，说："刘邦不胜饮酒，无法前来道别，现向大王献上白璧一双，并向大将军范增献上玉斗一双，请收下。"不知已错过机会的项羽收下了白璧，气得范增却拔剑将玉斗撞碎。

在鸿门宴中，其实隐藏着一个最好的机会，如果当时项羽下令杀掉了刘邦，就不会有后来自刎乌江的故事了，历史也会被改写。但是，项羽本性优柔寡断，迟迟不肯下令，使得眼前如此绝佳的机会失去了，最终，被刘邦打败。

座右铭启示

面对一个绝佳的机会的时候，如果你总是优柔寡断，迟迟不肯行动，最终会使自己失去了最佳的机会，让别人捷足先登。这样就会使自己与成功失之交臂。对此，面对每一次机会，要果敢，及时抓住机会，不要拖拖拉拉、犹豫不决。

第 10 章

你的快乐和痛苦，都是自己的选择

有过27年牢狱之灾的曼德拉，依然精神地生活到了95岁，当有人问道他的生活秘诀，他是这样回答的：“别担心，放轻松，要快乐。”其实任何事情都不会使你生气，惹你生气的是你的想法。你可以让自己快乐，也可以让自己痛苦，这些都是你自己的选择。

烦恼不寻人，人自寻烦恼

在现实生活中，每个人都有烦恼或正在经历烦恼，但事实上，很多烦恼都是我们自找的。一个内心浮躁的人往往倾向于自寻烦恼。我们可以寻找甜蜜的爱情，可以寻找美好的生活，但绝不可以自寻烦恼。虽然，烦恼是我们每个人都避免不了的，但是，如果你总是自寻烦恼，烦恼就会成为你生活的一部分，你甩也甩不掉。许多人的烦恼、郁闷都是自找的，本来没有烦恼的，或者说原本就不是烦恼，但由于内心的浮躁，不自觉地把一切事情都当作烦恼。所以，善待自己，宽容自我，抛弃心中的烦恼，不要自己跟自己过不去。

一群研究生曾向心理学家请教：您怎么解释“烦恼都是自己找来的”呢？心理学家微笑着不说话。一会儿，他从房间里拿出了二十多个水杯摆在茶几上，杯子各式各样，有不同的材料，有的是玻璃杯，有的是塑料杯，有的是瓷杯，有的是纸杯，有的杯子看起来很昂贵，有的杯子看起来很粗陋。

心理学家开始说话了：“你们都是我的学生，我就不把你们当客人看待了，你们要是渴了，就自己倒水喝吧。”这天正值天气闷热，大家便纷纷拿了自己中意的杯子倒水喝，当学生们都拿起了杯子，心理学家说话了：“大家有没有发现，你们挑去的杯子都是比较好看、比较别致的，像这些塑料杯和纸杯，都没有人拿走。其实，这是人之常情，谁都希望手里拿着的是一只好看一点的杯子，但是，我们需要的是水，而不是水杯，所以说，杯子的好坏，并不影响水的质量。”接着，心理学家解释道：“想一想，如果我们总是有意或无意地把喝水的心思用在了那些琐碎的事情上，甚至用在攀比上，那么，烦恼自然而然就来了。”

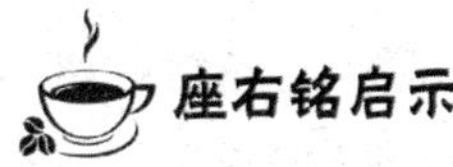

心理学家比尔·利特尔告诉我们：不管你是高官还是平民，不论你是富豪还是穷人，不论你是社会名流还是无名之辈，也许，谁也超越不了“有得必有失”的辩证逻辑。有时候，我们不去自寻烦恼，但烦恼也会找上门来，那么，我们就要学会善于淡化烦恼，化解烦恼。但是，最关键的减少烦恼的方法，还是不要自寻烦恼，凡事以坦然的心态面对。

笑面困难，乐观生活

著名诗人食指在他的一首诗《我从冰天雪地中走来》中写道：“人生就是场冷酷的暴风雪，我从冰天雪地中走来”，他写道自己面对折磨的心路历程：“化雪时冷得令人出奇的清醒，清醒明白得叫你说不出话来，哆嗦得下齿止不住地磕碰上牙，乖乖顺从了大自然作出的安排。雪化后的泥泞使你向前迈一步都一身大汗却是寸寸相挨。”少有诗人有这样的勇气，敢于直面惨淡的人生，绝不逃避。仅仅因为他内心坚韧，对未来充满无限希望。

黑人总统曼德拉曾经有过27年的监狱经历。那时，他是监狱的重点政治犯。每天都要在罗本岛监狱的采石场做苦工，在持枪看守的监督下拼命搬运石头，动作稍慢就有被毒打的危险，一旦踏出采石场的边缘，就会被无情地射杀。并且因为石灰石在阳光的照射下，有极强的反光性，以至于他的视力逐渐下降。然而，就是在这样非人的折磨下，他却向监狱长提出了在监狱的院子里开辟一片菜园子的要求，经历了无数次的否决，5年之后他终于实现了愿望。正是那一片菜园，菜园中的番茄给了他和监狱中的犯人们无限的希望。甚至使得囚犯和狱警们的关系逐渐地缓和起来。

折磨分为两个方面，一方面是你肉体，心灵实际受到的折磨，一方面是你的内心对这种折磨的感知程度。我们内心的屈辱、恐惧、绝望就是一个放大镜，他会让你受到的实际折磨无限扩大，直到觉得无法承受。一个人最大的敌人就是自己，最大的折磨，就是内心的感知。这并不是要我们麻木无知，而是要我们锻炼心理的承受能力。既然折磨是我们人生中不可缺少的一部分，那就让自己享受折磨，在折磨中变得更加坚强，更加沉着和成熟，收获更加坚韧丰富的人生。

因此我们面对折磨要有宽广的心胸。俗话说："心底无私天地宽。"我们也要有更加宽广的心胸，才能够更加客观地看待生命中的折磨。知晓它是每个人的生命中必定经历的和不可缺少的，我们就能够更加坦然的去面对它。

座右铭启示

一颗乐观充满希望的心灵，即使身处磨难重重的地狱，也能够开垦出人生的伊甸园。在我国的那些特殊时期，也不乏每天含一口水，解救快要旱死的小草的故事。那些小草，菜园，就是我们希望的载体。有了对未来的希望，就能让我们对苦难甘之如饴。

人生最大的考验，不是生活给了你多少折磨，而是你的内心怎样对待它。只要我们拥有宽广的心胸，坚强的意志，乐观的精神，就能够笑着面对任何苦难和折磨，就能把折磨我们的地狱，变成天堂。不要再让狭隘的心灵折磨我们，不要再让软弱的意志向苦难投降，只要我们拥有广阔，坚强的内心，就能够战胜世俗的折磨，走向人生的辉煌。

不要抱怨生活，对待不幸一笑而过

印度有一个古老的故事,说佛祖为了消除人们的痛苦,就从人间选了100

个自以为最痛苦的人,让他们把自己的痛苦写在纸条上。写完后，佛祖说："现在，请你们把手中的纸条互相交换一下。"结果，这100个人交换看了别人的纸条之后，个个都非常惊讶。过去，总以为自己是最"不幸"的人，现在才知道很多人比自己更痛苦。

人要理性看待自己的不幸，因为你不是最不幸的那个人。的确，你没有理想的收入，可是还有很多贫困的人在温饱线上挣扎；你的儿子不听话，总是给你带来麻烦，可是还有很多人想要自己的孩子，出于各种原因，都没有自己的孩子；甚至，你满脸痘痘，并不美丽，可是还有很多残疾人，他们身体残缺，连自己的生活都不能料理。

约翰·库缇斯，1969年8月14日出生于澳大利亚，天生双腿残废，出生的时候只有可乐罐那么大，腿是畸形的，而且没有肛门，躺在观察室奄奄一息，医生断言他不可能活过24小时，建议他父亲准备后事。当悲伤的父亲给他准备好小棺材、小墓地后，发现儿子居然还活着。在父母爱的力量的鼓舞下，他以超人的毅力生活、学习。17岁时他因同学用小刀将毫无知觉的腿切得血肉模糊，伤口感染，被迫切去下半身。医生又断言他活不过一周、一个月、一年……而今天约翰依然健康地在全世界发表演讲。他始终以积极的心态面对人生。

中学毕业，约翰开始进入社会寻找工作。无数次被拒绝之后，他被一位杂货铺老板收留，后来又做过销售员、技术工人。一次偶然的演讲改变了约翰的一生。在一次午餐会上，约翰应邀对自己的经历作一个简单介绍。他的痛苦经历和艰难现状感动了在场的所有人。很多人热泪盈眶，有一位女士，她跑到台上，告诉约翰，她非常不幸，正准备自杀，听了他的演讲以后，她觉得那些不幸已经不算什么了。

约翰突然意识到，讲出自己挣扎生存的经历，可以给别人以启迪，让别人拥有更积极的心态，感觉更快乐。从此，约翰踏上了职业激励大师的道路。如今的约翰·库缇斯已经成为世界上最著名的残疾演讲大师，并在国际上享有非常高的声誉。他的事迹激励着每一个不幸的人。

你是最不不幸的人吗？你不是，比你不幸的人多的是，所以，再也不要埋怨生活带给你的不幸。不要在自认为不幸的阴影里不可自拔。约翰·库缇斯的经历告诉所有人："无论你认为自己多么的不幸，在这个世界上永远有比你更不幸的人！"是的，当人们认为自己不幸的时候，你会比约翰更加不幸吗，而就是这样不幸的约翰，都没有将人生定格在不幸上，而是以积极的心态挑战了很多不可能，战胜了所谓的"不幸"。

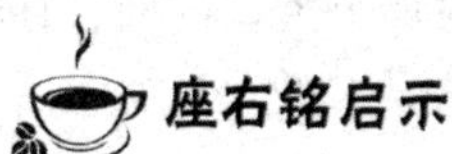

座右铭启示

就和听约翰演讲的那些人一样，你也可以从约翰的身上学到很多，即使有再大的不幸，你也不是最不幸的那个人，那么你有什么值得悲伤的呢？善待自己，在心中种一颗忘忧草，对待"不幸"一笑而过！

世界上永远没有不长杂草的花园

世界上永远没有不长杂草的花园，对人对事，我们应学会宽容。

在"二战"期间，一支部队在森林中与敌军相遇，经过了一场激烈的战争之后，有两名战士与部队失去了联系两人只好相依为命。两人来自同一个小镇，他们在森林中艰难跋涉，互相安慰，可是，十多天过去了，他们仍然没有与部队联系上。有一天，他们打死了一只鹿，他们凭着鹿肉艰难地度过了几天。也许是战争使动物都逃走或被杀光了，他们再也没看到任何动物，两名战士只剩下一点鹿肉，继续前行。

这一天，两名战士在森林中与敌人相遇，经过一次激战，两人巧妙地避开了敌人。就在他们脱离了危险的时候，却听到一声枪响，走在前面那个年轻战士中了一枪，幸运的是伤在了肩膀上。后面的那位士兵惶恐不安地跑过来，他害怕得语无伦次，抱着年轻战士的身体泪流不止，赶快撕下自己的衬衣将战友的伤口包扎好。那天晚上，没有受伤的战士一直念叨着母亲的名字，他们都认为自己熬不过这一关了，尽管他们十分饥饿，但谁也没有动身边的鹿肉。不过，幸运的是，第二天部队救出了他们。

30年过去了，那位受伤的战士说："我知道是谁开的那一枪，他就是我的战友，当时在他抱住我时，我感觉到他的枪管是热的，我怎么也不明白，他为什么对我开枪？但是，当天晚上我就原谅了他，我知道他想独吞那点鹿肉，我知道他想为了母亲而活下来。在以后的30年里，我假装根本不知道这件事，也从来不提起这件事，战争太残酷了，他的母亲还是没有等到他回来，我和战友一起祭奠了他的母亲。在那一天，战友跪下来，请求我原谅他，我没有让他继续说下去，我们继续做了几十年的朋友，我宽恕了他。"

即使战友伤害了自己，战士依然决定以宽容来对待他，在他原谅战友的那一刻，他自己的心灵也得到了升华。宽容，让我们少了一分忧伤，多了一分快乐；宽容，使我们少了一分仇恨，多了一分善良；宽容，让我们少了一分嫉妒，多了一分真诚；宽容，使我们少了一分纷争，多了一分友爱。宽容，使我们的心灵得到升华，闪烁人性的光辉。

座右铭启示

面对他人有意或无意之间造成的错误，如果我们心里充满憎恨，老是愤愤不平，希望别人能遭到不幸或惩罚，却又往往不能如愿时，一种失望的情绪就会涌上来，内心充满仇恨的同时，我们已经失去了往日那种轻松的心境和快乐的情绪。学会宽容他人的错误，让自己的心变得海阔天空。

把快乐坚持到底才是人生最大的成功

哲人说："把快乐坚持到底才是人生最大的成功。"每一天的天气都有所不同，有可能是艳丽的晴天，有可能是湿漉漉的雨天，有可能是乌云弥漫的阴天。但是，不管我们所面对的是什么样的天气，什么样的境遇，

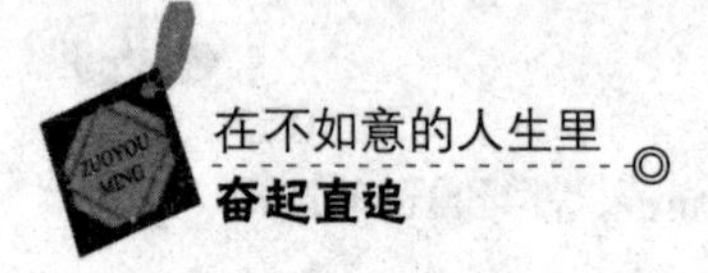

只要心中洒脱，时刻保持一颗乐观豁达的心，对我们来说，每一天都是艳阳天。即使，命运给予自己哭泣的境遇，但同时，我们不要忽略了，自己依然拥有笑的权利，关键在于自己的选择。以感恩的心境，抑制内心的悲伤，不轻易让悲伤抬头，不让糟糕的情绪长久地占据心灵花园，这才是幸福人生的必修课题。

大文学家苏东坡有首词《定风波·沙湖道中遇雨》是这样写的：“莫听穿林打叶声，何妨吟啸且徐行。竹杖芒鞋轻胜马，谁怕？一蓑烟雨任平生。料峭春风吹酒醒，微冷，山头斜照却相迎。回首向来萧瑟处，归去，也无风雨也无晴。”这是他在去一个名叫沙湖的地方的路途中突然遇到大雨时，“雨具先去，同行皆狼狈，余独不觉。已而遂晴，故作此词”。

在被贬边城、人生遭遇不幸的时候，苏东坡依然旷达、乐观，不让外界的环境变化来扰乱自己的心境，改变自己向来乐观的人生信念。正如“莫听穿林打叶声，何妨吟啸且徐行”所描写的那样，当乱雨打叶、风波骤起的时候，何不把它当作一个生活小风景，在雨中慢慢走，慢慢吟诗，心情自然就不错。当一切风平浪静的时候，再回首看看那样的过程，却带有一点享受般的惬意。对于像苏东坡这样处乱不惊、心如止水，不受外界干扰的人来说，其实人生本来就是“也无风雨也无晴”的。即便时光已逝去千年，我们仿佛还能看到苏东坡竹杖芒鞋在雨中吟啸徐行的样子，看到一个天真烂漫、充满生命激情的人，在向我们展示着，生命原来可以这样洒脱。

智者说：“命运原本就是一个瞎子，横冲直撞地朝你而来，时而给予你欢笑，时而会给你带来悲伤和痛苦。”心怀感恩的人，总是能够把握自己的人生方向，他们用感恩的微笑去面对痛苦，消融内心的苦闷，在他们的生活中，总是阳光照耀，充满了欢声笑语。命运给予我们哭的境遇，然而，我们也有微笑的权利，微笑面对生命中的不如意，或许，命运也会对你绽放出美丽的笑容。

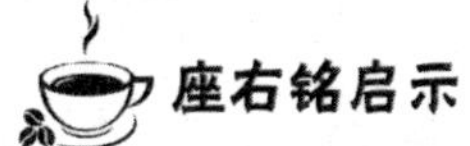

大仲马曾经说过："你要控制自己的情绪，否则你的情绪便控制了你。"有一位禅师，面对被弟子不小心弄坏的兰花，非但没有生气，反而安慰弟子们，禅师的心境并没有受到这件事情的影响。禅师之所以能看开了，是因为他虽然喜欢兰花，但心中却没有兰花这个障碍，所以，兰花的得失并不会影响他的情绪，自己生气了又有什么用呢？生气反而丢失了原有的快乐。

寻找快乐，做每一件自己喜欢的事情

有人说："如果我们感到可怜，很可能会一直可怜。"在生活中，许多人总是感觉到自己不快乐，他们常常感叹："我连快乐的影子都没发现。"对于快乐，他们一直守株待兔，总希望快乐能自己回到他们身边。然而，快乐并不是等待而来的，而是需要积极寻找的。无论你走多远，走的路多崎岖，快乐就在不远处。或许，只是你不经意地抬头，你就会发现快乐正在前方向你招手，向你微笑。

有一位富商在临终前，对自己的四个未成年的儿子说："你们去给我捉几只蜻蜓来吧，我已经好多年没见过蜻蜓了。"不一会儿，大儿子就带了一只蜻蜓回来。富商问道："怎么这么快就捉了一只？"大儿子回答说："我用你给我的遥控赛车换的。"又过了一会儿，二儿子也回来了，他带回了两只蜻蜓。富商问道："你怎么这么快就捉住了两只蜻蜓呢？"二儿子回答说："我把你送给我的遥控赛车以三元钱的价格卖给了一个小朋友，我再用两元钱买了两只蜻蜓，我还剩下一元钱呢。"

不久，三儿子也回来，他居然带回了十只蜻蜓！富商问道："你怎么捉那么多的蜻蜓？"三儿子回答说："我把你送给我的遥控赛车在广场上租给其他的小朋友玩，而条件是一只蜻蜓可以玩一天赛车，不一会我就收

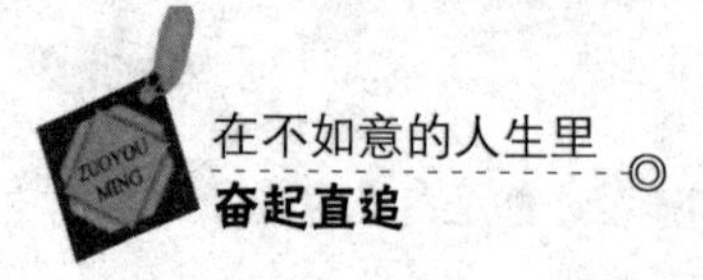

到了十个小朋友的蜻蜓。”

最后回来的是小儿子，只见他满头大汗，两手空空，衣服上也沾满了灰尘。富商问道：“孩子，你怎么搞成这样子？”小儿子回答说：“我捉了半天，也没捉到一只，就在地上玩赛车，我希望赛车能撞上一只蜻蜓，但是，没想到，运气却很差，没有撞到一只蜻蜓。”

富商笑了，满眼却都是泪。他摸着小儿子的头，把他搂在了怀里。第二天，富商死了。孩子们在床头发现了一张小纸条，上面写着这样一句话：“孩子，我并不需要蜻蜓，我是希望你们今后积极寻找人生的快乐，正如你们捉蜻蜓的那种乐趣。”

著名作曲家刘炽曾说：“做人，快乐是最要紧的，但快乐是自己去寻找，我们不是缺少快乐而是缺少对快乐的发现和感受。”富商的四个儿子都在寻找快乐，但是，谁也没能体会得到快乐的真正含义。他们误以为抓住蜻蜓就是快乐，殊不知，真正的快乐是需要用心感受的。

日本学者五木宽之曾说：“为了让自己成为一个快乐的人，我决定每天寻找一件令自己快乐的事，哪怕它一闪即逝也没关系，我把它记在我的记事本上……”

刚开始的时候，他每天很难找到一件让自己觉得快乐的事，后来，情况改善了。他说：“例如，今天早上搭电车的时候，我幸运地坐在一个靠窗的位置，看着窗外飞逝而过的美丽风景，觉得相当的开心！”

有时候，快乐就是如此简单，简单到我们忽略了它的存在。可以说，快乐是无处不在的，但是，快乐是等不来的，而是需要你用心地寻找。人生的花季美丽多姿，但是，生活的烦恼却像雨丝一样缠绵不绝。

美国畅销书籍《如何快乐》的作者，心理学博士凯伦·撒尔玛索恩女士说：“我们的生活有太多不确定的因素，你随时可能会被突如其来的变化扰乱心情。与其随波逐流，不如有意识地培养一些让你快乐的习惯，随时帮助自己调整心情。”简单地说，在更多的时候，快乐是一种生活态度，更是一种生活习惯。快乐就是做自己喜欢的每一件事情，比如奔跑，那喘出的气和流出的汗水，就是快乐的源头。只要你有一颗寻找快乐的心，你便无时无刻都是快乐的。

普希金说：“假如生活欺骗了你，不要忧郁，也不要愤慨！不顺心时暂且克制自己，相信吧，快乐之日就会到来。”快乐到底离我们有多远？其实，快乐就隐藏在你我生活中的每一件小事中。善待自己的内心，你能使自己痛苦，同样也能使自己快乐，因为你才是自己生活的主宰者。

第 11 章

接受不完美的自己，坦然面对人生不平路

在生活中，我们大都不是完美的人，不过我们要接受不完美的自己。在孤独的时候，给自己安慰；在寂寞的时候，给自己温暖。生活不是只有温暖，人生的路不会永远平坦，不过只要我们对自己有信心，懂得珍惜自己，世上的一切不完美，我们都可以坦然面对。

勇敢向梦想靠近

美国著名作家杜鲁门·卡波特说：“梦是心灵的思想，是我们的秘密真情。”梦想对于每个人来说，有一种巨大的魔力，能够不断地召唤着我们前进。无论自己的梦想是多么模糊，不管自己的梦想是多么的不可思议，我们都要听从心中梦想的召唤，紧紧跟随着它，坚持不懈地走下去，那么，梦想就会变成现实。因此，如果我们想要成就自己的梦想，那就要努力向前，奋起一搏。

伊丽莎白并不是哈佛毕业生中最出色的一位，也并不具有非凡的才能，人们对她的敬佩，不是因为她年纪老迈，而是她勇敢尝试，始终坚持的毅力和决心。

这一天，身穿毕业生礼服、头戴黑色学士帽的伊丽莎白·麦克尼尔从哈佛校长手中接过毕业证书，在获得文科学士学位的同时，她还被颁发了一个表彰其学术成就和品德的奖项。

伊丽莎白早在1941年就高中毕业了，之后，她陆续生了4个孩子。26年前，她成为哈佛大学健康服务部门的员工。哈佛的学术氛围令她对学习产生了很大的兴趣，于是几年后，她开始尝试在哈佛“蹭课”。

但是在这之后的很多年里，她并没有正式注册当学生，因为她觉得自己没有能力完成哈佛的课程。一度想放弃拿到哈佛学历的念头。

直到9年前，同事和同学的鼓励让伊丽莎白产生了争取学位的念头，那时她已经73岁了。对于一个普通的73岁的老人来说，安享晚年是最好的选择。而伊丽莎白却不甘心就此放弃自己的理想。她再次鼓起勇气，走入了哈佛的课堂。她给自己制定了“10年目标”，并经常向孩子们许诺，要在83岁之前从哈佛毕业。

如今满脸皱纹的伊丽莎白在哈佛工作了25年，学习了20年，攻读了9年学位，最终赶在自己的孙女之前获得了本科学历。

人生就是如此，只要你迈步，路就会在脚下延伸；只有启程，我们才会向心中的梦想靠近。无论你的梦想和目标是什么，最主要的是立即开始行动，朝着梦想的方向拼搏，努力向前，才能看到成功的希望。这一点被许多人所忽略，其结果都是以失败告终。

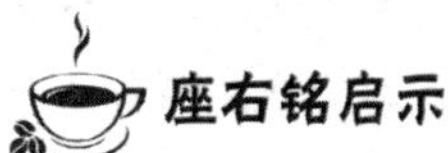

座右铭启示

成功者告诉我们，实现梦想的最佳途径就是奋勇一搏。在梦想实现的过程中，并不是我们缺少能力，亦不是我们少了那份运气，而在于我们是否勇敢地拼搏，是否有决心去实现它。只要你迈步，路就会在脚下延伸。只有启程，我们才会向心中的梦想靠近。在距离梦想很远的地方，我们不应该停下来，也不应该选择放弃，而是坚定自己的梦想，哪怕试一试也好，这样即便不能成功，但我们总算是努力过。

你是一颗金子，不管在哪里都会发光

如果你是一颗金子，不管在哪里都会发光。所谓“真金不怕火炼”，在经历了许多的磨练之后，金子会褪下朴素的外表而呈现出金光闪闪的一面。在生活中，每个人都有自己特定的优点和缺点，天生我材必有用，只是找准自己的位置，长久地坚持下去，每个人都会发光。生活中，许多人总是郁郁不得志，其原因在于不是他们不够优秀，而是他们没有足够的耐心，在漫长的磨砺过程中，他们丧失了太多的信心，没能够坚持下去，结果在成功到来之前就选择放弃了。

许多年前，一位颇有身份的女性到美国罗纳州的一个学院给学生发表讲话。虽然，这个学院规模并不是很大，但这位女性的到来，使得本来不大的礼堂挤满了兴高采烈的学生，学生们都为有机会聆听这位大人物的演讲而兴奋不已。

经过州长的简单介绍，演讲者走到麦克风前，眼光对着下面的学生们，向左右扫视了一遍，然后开口说："我的生母是聋子，我不知道自己的父亲是谁，也不知道他是否还活在人间，我这辈子所拿到的第一份工作是到棉花田里做事。"

台下的学生们都呆住了，那位看上去很慈善的女人继续说："如果情况不尽如人意，我们总可以想办法加以改变。一个人若想改变眼前不幸或无法尽如人意的情况，只需要回答这样一个简单的问题。"她以坚定的语气接着说："那就是我希望情况变成什么样，然后全身心投入，朝理想目标前进即可。"说完，她的脸上绽放出美丽的笑容："我的名字叫阿济·泰勒摩尔顿，今天我以唯一一位美国女财政部长的身份站在这里。"顿时，整个礼堂爆发出热烈的掌声。

阿济·泰勒摩尔顿是一位女性，一位生母是聋子、不知道亲身父亲是谁的女性，一位没有任何依靠饱受生活磨难的女性，而恰恰是这位表面柔弱的女性，竟成为了美国唯一一位女财政部长。说到自己的成功，她却只是轻描淡写地说："我希望情况变成什么样，然后就全身心投入，朝理想目标前进即可。"这句看似平淡的话语，透露出她作为一个女性的忍耐精神。我们甚至可以假设，如果没有坚韧执着的品质，阿济·泰勒摩尔顿能与苦难的生活抗争吗，她能忍受那些逆境中的枯燥与痛苦吗？如果缺乏了坚韧的精神，她能完成自己的人生理想吗？是的，正是有了坚韧的品质，阿济·泰勒摩尔顿完成了自己的梦想。

座右铭启示

如果你朝着一个方向不断地努力，总有一天，你就会成功。就好像炼金一样，这个过程是异常痛苦而枯燥的，不过，只要你坚信自己是一颗金子，并且努力地坚持下去，那真的有一天，你就会像金子一样闪闪发光。

每个人都可能改变世界

乔布斯曾说："活着，就是为了改变世界。"我们所生活的世界是多姿多彩、每时每刻都在变化着的。在远古时代，原始人类发明的甲骨文，标志着人类进入了文明时代；东汉时期，蔡伦对造纸术的改进推动了世界文明的进程；就在20世纪80年代，由于互联网的使用，使得世界范围内的信息得以传播。确实，也许，就在下一刻，世界或许会因为你我而发生翻天覆地的变化。毋庸置疑，当我们怀着一颗富有创新精神与坚持不懈的心，善于去发现身边的新事物，那世界将会因为我们而发生变化。

2011年10月5日，苹果公司创始人史蒂夫·乔布斯在家人的陪同下走完了传奇的一生。童年时，他发誓要做一个"颠覆宇宙"的人。后来，他真的做到了，用他的话说："活着，就是为了改变世界。"

1976年，乔布斯与史蒂夫共同创办了苹果公司，创造了世界上首台个人电脑"苹果I"，引领了个人电脑的革命。而他在1977年发布的"苹果II"电脑成为影响最大的一款个人电脑。

1984年，苹果推出用鼠标在图形界面操作的新系统，再次颠覆了计算机行业。不仅如此，乔布斯还改变了生活娱乐方式。他不仅在科技行业取得了巨大的成就，在娱乐行业也取得了突破性的成绩。他将苹果发展成为全球最大的音乐零售商，于是在2001年，苹果发布了第一代IPOD，到了2003年发布了itunes应用程序，用户可以从itunes商店付钱下载音乐到ipod上。这一措施改变了唱片业的生存状态，即便是歌曲被下载了，但唱片商却依然可以有部分利润收入。引导人们使用互联网，以及消费音乐、电视剧、电影和图书的方式方面，乔布斯是一个关键人物。

在超过30年的职业生涯中，乔布斯改变了硅谷。他帮助硅谷这一气氛慵懒的"大农村"变为科技行业的创新中心。可以说，乔布斯奠定了当代科技行业的基础。乔布斯已经证明，产品的良好设计比技术本身更重要，他改变了笔记本电脑、消费电子和数字媒体行业。他通过出众的广告宣传和独特的零售商店来推广以及销售产品，而苹果则同时成为流行文化的偶像。

乔布斯是世界著名的苹果电子公司的CEO，多次被评选为《时代》杂志的封面人物。假如问什么是乔布斯最令人佩服的地方，那就是创新与不断开拓进取的精神。从平板电脑到液晶电脑，从ipod系列再到如今的iphone系列，这当中的一切都是他不断实践与创新的结果。这一切改变了世界，使整个世界真正地走向了电子化，使世界上的信息实现全球化，方便了人与人之间的沟通与交流。

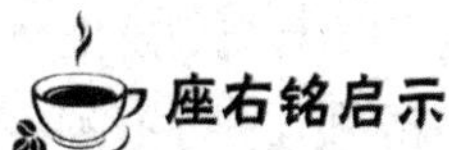

座右铭启示

时代的车轮每时每刻都在向前滚动着，每一秒世界都在运动与变化中，只要你我拥有不断开拓进取与坚持不懈的精神，善于发现事物，那么世界便等着你我去改变。在人生的前进旅途中，我们要相信自己，即便自己是一个毫不起眼的小人物，也要坚信我们可以改变世界，哪怕是一点点的改变，我们也应该感到知足。

坚持自己的梦想，梦想就会实现

成功者说："一切都是你的，就等着你去开拓。"在这个世界上，还有许多未知的领域，那些人们尚未触碰到的地方，其实就是展现自我的平台。不要总是觉得自己是微不足道的，不要总是觉得自己一无是处，只要我们保持奋斗，那我们就可以开拓出属于自己的一片天地。因为一切都是我们的，就等着我们去开拓。

蒙提·罗伯茨在圣司多罗有个牧马场，他在一次活动的致辞里提到这个故事：初中时，有一次老师叫全班同学写作文。那一晚，一个小男孩费了很大的心血把作文写成了，他描述他的宏伟志向，那就是拥有一个属于自己的牧场。他仔细地画了一张200亩牧场的设计图，上面标有马厩和跑道的位置，在这一大片农场中央还要建一栋占地400平方米的豪宅。

两天后他拿回了作文，看到第一页上打了个又红又大的“F”。小男孩下课后带着作文去找老师：“为什么给我不及格？”老师回答说：“你小小年纪，不要老做白日梦。你没有钱，没有家庭背景，什么都没有，你别太好高骛远了。”老师接着说：“如果你肯重写一个不怎么离谱的志愿，我会重新给你打分。”小男孩回家反复思考了很久，然后征询父亲的意见。父亲对他说：“儿子，这是非常重要的决定，你必须自己拿主意。”经过再三考虑，这个男孩决定原样交回。他告诉老师：“即使拿个大红字，我也不愿意放弃梦想。”

“我讲这个故事，是因为各位现在就在这200亩农场及占地400平方米的豪宅中，那份初中时写的作文我至今还保留着。”罗伯茨对大家说：“有意思的是，两年前的夏天那位老师带了30个学生来到我的农场露营一星期，离开之前，他对我说：‘蒙提，说来有些惭愧，你读初中时我曾泼你冷水，幸亏你有这样的毅力坚持自己的梦想，现在我应该告诉你一句话：这个世界一切都是你的，就等着你来开拓。’”

或许，我们曾像蒙提·罗伯茨一样，最初是希望自己能开拓世界，成就梦想。不过，随着时间的流逝，我们的斗志已经不见了，因此我们才难以获得成功。然而，只要我们保持蒙提·罗伯茨的自信与奋斗精神，始终相信梦想是可以实现的，那我们就会真的成为那群开拓世界的人。

座右铭启示

做人要有自己的主见，还要有充分的自信，相信自己的判断力，不要轻而易举听从他人的意见，而改变自己的主张。每个人的使命终究还要靠自己来完成，你人生的目标，是独一无二的，专属于你自己的。它神秘而又绚烂，值得你用一生去开拓。一切都是我们的，就等着我们去开拓，如果我们只是一味地遵循他人的思想，不敢面对自己，那这样的人生是悲哀的。

主宰人生，为自己奋斗

每一个人都保持了终身不变的理想：为自己奋斗。在我们的人生历程中，自己希望成为一个什么样的人呢？国家元首、企业家、艺术家、演说家、经济学家，还是仅仅是一个善良的普通人。其实，这一切都将取决于我们，只要我们为此去奋斗。因为我们的命运由我们自己主宰，为了实现自己的人生价值，没有人可以取代我们。我们一定要为自己而奋斗，在我们的内心深处，都存在着一种信念，也就是我们付出了什么，我们就将会收获什么。

大约在五十年前，一位小女孩诞生在田纳西州那士维市郊。她严重的生理缺陷，使她不能像一般人一样走路。虽然她有一个温馨的基督教大家庭。可是，当兄弟姊妹在外头享受奔跑和玩要的乐趣时，她却必须被支架所限制。

父母亲定期带她到那士维接受物理治疗，但小女孩痊愈的希望仍甚渺茫。“我能像其他小孩一样跑步和玩要吗？”她问父母。

“亲爱的，你只要相信，”他们回答，“你若相信，神就能叫这事发生。”

她把父母的话放在心中，相信神能使她不必靠支架走路。她常瞒着父母和医生，靠兄弟姊妹的帮助，练习解开支架走路。在12生日那天，她当着父母的面前解下支架，不靠别人搀扶，自己在医生的办公室周围绕行。此举叫她的父母大感意外。医生简直不能相信她的进步，她从此不必戴着支架了。

她的下一个目标是打篮球。她继续运用信心和勇气——和她未曾发育的双腿——去参加学校篮球队。教练挑了她的妹妹入队，却拒绝了勇敢的女孩。她的父亲，一位智慧和蔼的先生，告诉教练：“我的女儿们是一对。你若要其中一个，另一个也要接受。”教练只好勉强让她加入。于是她得到一件旧队服，被允许跟其他队员一起练习。

一日她去找教练。“你若每天多给我十分钟训练，我就给你一个世界级的选手。”教练笑了，但他知道这小女孩是认真的。16岁那年，她成为全国最佳的年轻选手，被选派参加在澳洲举行的奥林匹克运动会，跑400米接力赛的最后一棒，赢得了铜牌。她对这样的成就并不满意，于是再接再厉，四年后再次参加1960年的罗马奥运会。那一次，她赢得100米短跑，200米短跑，又在400米接力赛中的最后一棒中夺标，为全队赢得胜利。当年她更锦上添花，被选为全美最佳业余运动员，获得了极高荣誉苏利文奖。她就是维玛·鲁道夫。

如果有人问她为什么会这样成功，她会回答：因为我一直在为自己而奋斗。在这个世界上，没有什么比这个理由更适合成为理由了。在通往成功的路途中，有的人始终找不到前进的方向，其实并不是他们缺少能力，而是在于他们尚未明确自己到底是为了什么而奋斗。自己，当然是自己，难道这个世界还有比自己更重要的人值得为之去奋斗吗？我们所奋斗的是自己的人生，与别人一点也不沾关系。

座右铭启示

成功者告诉我们，每个人都会有一种为自己奋斗的理由。生活在这个世界，我们始终要坚定一种信仰，那就是终身为自己的理想而奋斗。为自己而奋斗，我们才会竭尽全力地昂首向前，我们才不会有一丝的保留。

每个人都是自己命运的设计师

只要你不把命运交给别人，那你一定能掌握自己的命运。生活中，或许我们会把身边那些优秀的人当作自己的偶像，在赞赏的同时，却在一旁自怨自艾，好像自己再怎么努力也成为不了这样的人。其实，真的是这样吗？我们的偶像只能是别人吗？当然不是，当我们经过不懈的努力之后，我们就可以成为自己的偶像。在人生的旅途上，引导我们继续向前的，不是别人，而是自己。

伊尔·丰拉格是美国历史上第一位获得新闻界最高奖——普利策奖的黑人记者，是美国黑人的骄傲。

但是，丰拉格小时候曾经非常厌恶自己的出身。他小时候因为自己的肤色而自卑孤僻，甚至绝望地认为自己将来不会有任何出息。父亲带儿子去荷兰参观了梵高的故居。在看过那张小床及裂了口的皮鞋之后，儿子困惑地问父亲："梵高不是位百万富翁吗？"父亲答道："梵高是位连妻子都没娶上的穷人。"

听了父亲的话，儿子若有所思。父亲用厚实有力的大手抚摸着儿子的头说："孩子，你看，上帝并没有看轻卑微，伟人原来也不过是一介草民。"父亲的话改变了丰拉格，他不但对自己的未来充满了自信，而且对大千世界产生了浓厚的兴趣。他立志要成为一名记者，走遍全世界。

从此，丰拉格开始为理想不懈地奋斗。大学毕业后，他如愿以偿地成为一名新闻记者。但是风无常顺，兵无常胜，他很快遭到了白人的排挤。有一次，一个白人记者公然将丰拉格辛苦了一个多月的采访稿件据为己有。丰拉格当时很气愤，找到主编，希望能讨个公道。事与愿违，主编竟然偏袒那个白人，根本不相信他的申辩。

这件事使丰拉格再次看清了社会的现实和人生的坎坷，但是他仍然坚信自己的未来。他不辞辛苦，深入各种险境，获取第一手新闻资料。最终，他凭借独特的新闻视角和理念获得了美国新闻界最高奖——普利策奖，开创了黑人获此奖项的先河。

在颁奖仪式上，丰拉格激动地说："感谢上帝！上帝并没有看轻卑微，而将高贵的灵魂赋予每个人的肉体，无论是出身高贵的肉体，还是出身卑微的肉体。感谢父亲！是他给了我自信和新生。我的经历使我确信，凭借坚定的信念和艰苦的努力，黑人可以做成任何事情。每个人都是自己命运的设计师。"

在这个世界上，或许可以成为我们偶像的人很多，但哪一个才是我们最值得期待的呢？当我们为自己的理想种下一粒种子，然后浇水施肥，每天坚持不懈，我们就真的朝着那个方向前进了。同时，我们也会成为当初自己羡慕敬佩的那个人，这时自己岂不是成为了自己的偶像呢？

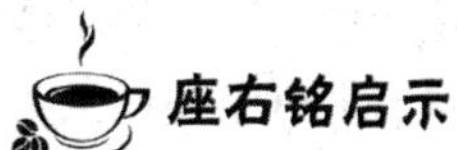

成功者告诉我们，努力让自己成为自己的偶像。每个人都是挑剔的，我们总是在挑剔别人，而把那些完美无缺的人当成自己的偶像。假如我们要使自己成为自己的偶像，那就必须努力克服自己的缺点，做到尽善尽美，然后朝着成功的方向不断前进，这样我们就可以成为让自己钦佩的人。

不要让有限的生命承载太多物欲的压力

生活中，当我们无法承受某些事情的时候，不如放手释怀，方能获得心灵的快乐。有多少人因为负荷太重而步履维艰，多少人因为欲壑难填而疲于奔命，多少人因为深陷其中而难以自拔。如果你想要所走的每一步都轻盈而快乐，那么，放手释怀无疑是最好的选择。当压力到了无法承受之重，你还需要坚持什么呢？一味地坚持下去，只会让你继续痛苦。不如放手，你才能重新拥抱快乐。孟浩然放弃了冠盖京华的诱惑，只取人生的淡泊与超然；苏东坡放弃了进退浮沉的纷扰，只享受生命馈赠的酒酿；贾宝玉放弃了大观园的满园春色，只取黛玉这朵阆苑仙葩。他们选择了放手释怀，与此同时，他们也收获一种心灵的快乐。

曾经有个人，他总埋怨生活的压力太大，生活的担子太重，压得他透不过气来。他觉得很累，他试图放下担子。他听人说，哲人柏拉图可以帮助别人解决问题。于是，他便去请教柏拉图。柏拉图听完了他的故事，给了他一个空篓子，说：“背起这个篓子，朝山顶去。可你每走一步，必须捡起一块石头放进篓子里。等你到了山顶的时候，你自然会知道解救你自己的方法。去吧！去找寻你的答案吧。”于是，年轻人开始了他寻找答案的旅程！

刚上道，他精力充沛，一路上蹦蹦跳跳，把自己认为最好的、最美的石头，都一个一个扔进篓子里。每扔进一个，便觉得自己拥有了一件世上最美丽的东西，很充实，很快乐。于是，他在欢笑嬉戏中走完了旅程的三分之一。可是，篓子里的石头多了起来，也渐渐重了起来。他开始感到，篓子在肩上越来越沉。但他很执着，仍一如既往地前进。

而最后一个三分之一的旅程确实是让他吃尽了苦头。他已经无暇顾及那些世界上最美丽、最惹人怜爱的东西了。为了不让沉重的篓子变得更重，他只是挑选了些非常轻的石头放进篓子。然而，无论他挑多轻的石头放入篓子，篓子的重量也丝毫不会减少，它只会加重，再加重，直到他无力承受。但最后，他还是背着篓子，艰难地踏上了这最后的三分之一旅程。

或许，我们都听过这样一句话：远路无轻物。并不是每一个人都有过挑担的经历，但若你要负重前行，出发的时候往往很轻松，但越行越远的时候，你就会觉得不堪重负，难以承受肩上担子的重量。本来，你可以将一些东西放弃的，但是，固执的你却要坚持下去，结果，担子越来越重，这时候，你才后悔，为什么不放手一些东西呢？

生命如舟，载不动太多的物欲和虚荣，如果你不想这生命之舟搁浅或者沉没，那就应该果断地选择放手释怀。其实，人生中的许多痛苦是我们自己造成的，错在需要放手时却固执地坚持着，即使内心已经很痛苦，但是，我们就是不肯放手，总是偏执地想握住一些东西。殊不知，继续下去的结果只有让自己陷得更深，而那将是痛苦的深渊，可能将永远没有办法摆脱。既然痛到自己无法承受，为什么还要固执地坚持下去呢？放手，你将摆脱痛苦，重新拥抱快乐；释怀，所谓的曾经早已过去，你拼命地不放手只是源于自己的不甘心。

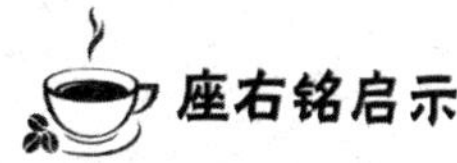

座右铭启示

人生就像是负重前行，随着我们年龄的不断增长，我们所承受的压力就越来越大，身上的担子也越来越重。在前进的路途中，能让我们感兴趣的东西在不断地变化，这时，我们应该学会选择，对于那些超负荷的东西，不如放手释怀，重新收获心灵的快乐。

第 12 章

不要去寻找好运，改变人生力量在心中

瓦尔特·惠特曼曾说：“我不去寻好运——我就是好运。”很多时候，我们总会在遭遇困难时慢下来，怀疑自己这不行那不行，总在祈祷上天给自己带来好运气。其实，我们又去哪里寻找好运呢？我们只需要告诉全世界：我很行！

你需要一个清晰的目标

一个没有目标的人何谈信念呢？一个人只有树立了目标，有了信念，才会有力量坚定地走下去。在生活中，许多人的悲哀是："我不知道明天会怎么样。"这确实是人生最大的遗憾之一，因为"不知道明天会怎么样"的背后是一种迷茫中的沉沦，它将扼杀一个人的希望、信心和未来。一旦你陷入对未来的迷茫中，你便无法胸有成竹地向一个明确的目标迈进。有些人一生碌碌无为，这并不是他们没有才华和能力，而是他们始终"迷茫"，他们只会埋怨"生不逢时"，或者抱怨"伯乐"有眼无珠，任自己才能被埋没，无处施展。

某大学有一个非常著名的关于目标对人生影响的跟踪调查，调查对象是一群智力、学历、环境等条件差不多的年轻人。通过调查发现：27%的人没有目标；60%的人目标模糊；10%的人有清晰但比较短期的目标；3%的人有清晰且长期的目标。

此项调查进行了长达25年的跟踪，发现那些调查对象的生活状况以及分布现象都十分有意思：那些占3%有清晰且长期目标的人，25年来几乎不曾更改过自己的人生目标，25年一来他们一直朝着同一个方向努力。25年后，他们几乎成为了社会各界的顶尖成功人士，在他们当中有白手起家的创业者、行业领袖、社会精英；那些占10%有清晰但比较短期目标的人，在25年后，他们大多生活在社会的中上层，在他们身上有着共同的特点：那些短期目标不断被达成，生活状态稳步上升，成为了各行业的不可缺少的专业人士，他们的职业大多是医生、律师、工程师，等等；其中占60%目标模糊的人，25年后他们大多生活在社会的中下层，他们能够安稳地生活与学习，但没有什么特别的成绩；剩下27%没有目标的人，25年来，他们几乎都生活在社会的最底层，而且，生活过得很不如意，常常失业，需要靠社会救济，喜欢怨天尤人。

最后，这所大学得出这样的结论："也许你现在与别人差距不大，那是因为你们距离起跑线不远，而不是你比别人聪明，或者说上天眷顾你，你是属于那10%、60%还是剩下部分，只有你自己最清楚，不过，希望你能努力成为那3%的目标清晰的人。"

一场突然而来的风暴，让一位独自穿行大漠的旅行者迷失了方向，更可怕的是装干粮和水的背包也不见了。他翻遍了所有的衣袋，只找到了一个泛青的苹果。他惊喜地喊道："哦，我还有一个苹果。"他攥着那个苹果，艰难地在大漠里寻找着出路，可是，整整一个昼夜过去了，他仍然没有走出茫茫的大漠。饥饿、干渴、疲惫，使得他好几次都觉得自己快支撑不住了，可是，看一眼手中的那个苹果，他抿了抿干裂的嘴唇，陡然又添了几分力量。他又开始继续跋涉，心中不停地默念着："我还有一个苹果，我还有一个苹果……"三天后，他终于走出了大漠，而那个始终未曾咬过一口的苹果，已经干枯得不成样子了。

一个没有目标的人就像是一艘没有舵的船，永远过着漂泊不定的生活，只会搁浅在失望的海滩。在我们人生的旅途中，常常会遭遇到各种困难与挫折，但是，请不要轻易地放弃什么，否则，你很容易陷入迷茫之中。其实，人生就如沙漠，而那苹果就是我们的信念与目标，在追求目标的过程中，遇到了困难要努力坚持，因为目标与信念可以战胜一切的恐惧。在追寻理想的过程中，我们需要坚定自己的目标，只有这样我们才能稳步前进，最后实现自己的人生目标。

座右铭启示

什么是目标？目标就是行为所需达到的目的，又是引起需要、激发动机的外部条件刺激。心理学家认为，人们的社会行为往往是内在条件与外在条件相互作用的结果。动机要能引起行动，不仅需要内在条件，还需要有一定的外在条件或环境作为刺激引起需要，如此，才能激发动机。而目标就是这些外在的刺激，它是行为动机的诱因，它能较好地刺激人们为达到自己的目的而行动。而达成目标，则使人们的某种需要得到满足。

有一种快乐是源自梦想

每个人都有自己的梦想，而活着就是为了来实现这个梦想。梦想成为了我们的人生目标，成为了我们不断前进的助推器，更重要的是梦想为我们心灵注入了快乐的血液。人生的最大意义在于奋斗，为自己的梦想而奋斗，这会令一个人感到充实和快乐，有梦想的人从来不会感到空虚，因为他们懂得自己最想到的是什么，并且朝着这个方向不懈地努力。有的人一辈子都在寻寻觅觅，他们没有梦想，只能到处飘泊，因此而错过了很多东西；有的人怀揣着梦想，但是，在追逐梦想的过程中，不断碰到障碍，于是，他们痛苦地湮灭了自己的梦想。他们失去了梦想，也就失去了人生最大的快乐，最后只能孤独地过一生。

希瓦勒是一名乡村邮递员，他每天的工作就是帮人送信，工作的枯燥与单调令他十分苦恼，整天闷闷不乐。直到有一天，希瓦勒在崎岖的山路上被一块石头绊倒了，刚开始他觉得很生气，但是，很快他的注意力就被那块奇特的石头吸引了。他拾起那块石头，左看右看，爱不释手，他索性将那块石头放进自己的邮包里。村子里的人发现希瓦勒居然在邮包里装了一块沉重的石头，感到很奇怪，便劝告他：“把它扔了吧，你还要走那么多的路，这可不是一个小负担。”希瓦勒取出那块石头，炫耀地说：“你们看，有谁见过这么漂亮的石头？“人们笑了：“这样的石头山上到处都是，够你捡一辈子了。”

回到家里，希瓦勒不禁萌发了一个梦想：如果用这些漂亮的石头建造一座城堡，那将是多么美丽啊！于是，他开始着手实现自己的梦想，每天他都会在回家的途中捡几块好看的石头，梦想让他每一天充满着快乐。没过多久，希瓦勒就收集了一大堆石头，但是，这距离修建城堡的数量还差得很远呢。于是，他开始推着独轮车送信，这样他就可以捡更多的石头了。白天希瓦勒是一个快乐的邮差，兼任运输石头的苦力，晚上，他又成为了一个快乐的建筑师。

20年后，在希瓦勒偏僻的住处，出现许多错落别致的城堡，有清真寺一样的、有印度神教式的、有基督教式的。当地人认为，希瓦勒不过是在玩小孩子一样的游戏，但是，不久之后，一位报社的记者发现了这群城堡，他当即写了一篇报道。文章刊出后，希瓦勒和他的城堡成为了新闻焦点，许多人慕名来参观，连大师级的毕加索也专程来参观了城堡。在城堡的石块上，希瓦勒当年刻下的一句话还清晰可见："我想知道一块有了梦想的石头能走多远。"

梦想让希瓦勒的生活变得更加充实和快乐，他不再感觉到邮差是一份多么枯燥的工作，反而很愿意享受工作带来的乐趣。当然，梦想不是石头，而是希瓦勒心中一股强大的信念，他向往实现自己的梦想，过上自己理想的生活。也许，有的人会觉得自己的梦想难以实现或者认为追逐梦想的过程太辛苦，其实，有这种想法的人一定没有自己的梦想。因为梦想本身是快乐的，它让人感觉不到辛苦，有梦想就有活着的力量，追逐梦想的人是快乐和幸福的。

座右铭启示

有一种快乐就是梦想，因为梦想为心灵注入了快乐的血液。梦想是一个人前进的动力，有梦想就有拼搏的力量，梦想本身就是快乐的传递者，当我们在接近梦想或实现梦想的过程中，我们也感染了快乐。梦想就像太阳，当我们在追逐它的时候，心中所有的阴影和不快都抛到了身后，即使遭遇了阻碍，我们依然乐观地相信，梦想就在前方，因为在任何时候梦想都将传递给我们快乐与力量。

绝不否定自己

有人说："每个人都可以成为展翅翱翔的雄鹰，重要的是，你不要

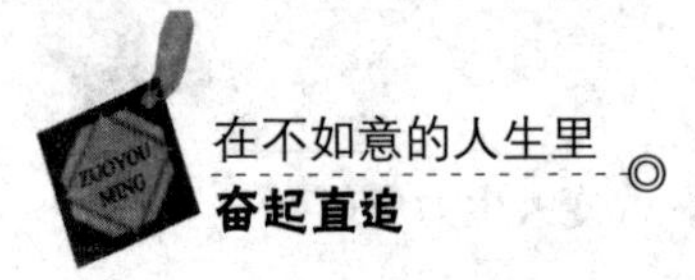

在心里给自己设限，在心理给自己制造失败。”纳斯鲁丁自己十分聪明，但是，他发现每个人都像自己一样好时却感觉糟糕透了，当他的内心被束缚，无法释放真实的自己，因此，不自信就产生了。现实生活中，我们常常会模糊自己真实的内心，习惯于在心里给自己设限，进而产生一种挫败感，导致最后我们还没有翱翔于蓝天就落地了。如果我们习惯了自我设限，那么，我们的心就会失去向上生长的动力，只能在被束缚的范围里无助地挣扎。所以，不管我们遭遇了什么样的挫折，都不要随意地否定自己，否定自己就意味着扼杀自己的潜力和欲望。

1921年夏天，年仅39岁的富兰克林·罗斯福在海中游泳时突然双腿麻痹，后来经过诊断是患了脊髓灰质炎。这时，他已经是美国政府的参议员了，是政坛上的热门人物，遭到了疾病的打击，他心灰意冷，打算退隐回到家乡。刚开始的时候，他一点都不能动，每天必须坐在轮椅上，但是，他讨厌别人整天把他抬下抬下，于是，到了晚上，他就一个人偷偷地练习怎么样上楼梯。经过一段时间的练习，一天他得意地告诉家人：“我发明了一种上楼梯的方法，表演给你们看。”他先用手臂的力量把自己的身体支撑起来，慢慢挪到台阶上，然后再把双腿拖上去，就这样一个台阶一个台阶艰难地爬上了楼梯。母亲阻止儿子，说：“你这样在地上拖来拖去，给别人看见了多难看。”富兰克林·罗斯福却断然地说：“我必须面对自己的耻辱。”

台湾著名美学大师蒋勋曾写道：“每个人完成自我，才是心灵的自由状态；每一个人按照自己想要的样子完成自己，那就是美，完全不必有相对性。天地之下可以无所不美，因为每个人都发现自己存在的特殊性。大自然中，从来不会有一朵花去模仿另一朵花；每一朵花对自己存在的状态非常有自信。”即使遭遇了疾病的折磨，富兰克林·罗斯福也并没有给自己心理设限，反而鼓起勇气来直面自己，挑战命运，完全地接纳了自己。其实，无论是身体的缺陷还是生活中的困难与挫折，这都不是心理设限的借口，更不是自暴自弃的理由。我们要敢于突破内心的束缚，释放自己最真实的内心。

在美国纽约街头，有一位卖气球的小贩，每次当自己生意不怎么好的时候，他就会使用这样的方法：向天空放飞几只气球。这样一来，就会吸引一些围观的小朋友来玩耍，自己的生意又会好起来，那些被气球吸引过来的小朋友都争着买他的色彩漂亮的气球。

有一天，当他向空中放飞了几只气球的时候，他发现了在一大群围观的孩子中间，有一个黑人小孩，他用一种疑惑的眼神看着天空。小贩很奇怪，他在看什么呢？顺着黑人孩子的眼光看去，发现空中正飘着一只黑色的气球。也许孩子正在想，这只黑色气球是否代表着自己呢？

小贩走上前去，用手轻轻地抚摸黑人孩子的头，微笑着说："孩子，黑色气球能不能飞上天，在于它心中有没有想飞的那一口气，如果这口气够足，那它一定能飞上天空。"

许多人在面对挫折与困难的时候，心底都会传出这样的声音：我做不到的。自己束缚了内心，最终，他真的没有做到。齐克果曾经说："一旦一个人自我设限，并且一直认定自己就是个什么样的人时，他就是在否定自己，甚至他不会自我挑战，只想任由自己一直如此下去，而这终将导致自我毁灭。"其实，"我做不到"是一种逃避的心态，在还没有开始之前，自己就先被打倒了，如果我们的人生始终以这样的逃避心态，那么，将会为自己留下许多难以弥补的遗憾。因此，我们应该突破内心的束缚，当心开始恐惧的时候，我们应该大声对自己说："你一定能做到的。"不断地暗示自己，释放出真实的内心，以此获得最后的成功。

座右铭启示

有人这样种南瓜：当南瓜只有拇指大的时候，就把它装在罐子里，一旦它渐渐长大，就把会罐子内的空间占满，等到没有多余的空间了，南瓜则会停止成长，于是，南瓜就一直维持在罐子里的那种形状了。我们的心就如同南瓜一样，当它习惯了自我设限，在被束缚的范围里就不能自由生长，它会逐渐失去继续生长的动力，只能在原地徘徊。其实，束缚是源于内心的不确定或者不自信，当我们能够坚定告诉自己"一定能行"，从内心深处建立起强大的自信，这种不确定或者不自信的束缚将会消失，而释放出真实的自我。所以，在人生前进的路上，不要忘记告诉自己"你一定能行的"！

不去比较，不必自卑

一位来自城里的记者询问在夜间忙碌的农民：“为什么要在夜间翻地呢？”农民回答说：“在夜间翻地，野草的生长率会降到2%，但若是让野草照到一缕阳光，它们便会快速生长，生长率高达70%呢。”听到这样的回答，记者惊呆了，他并不是因为快速生长的野草会影响农作物，而是被野草的生命之美所感动。野草，本来是多少不起眼的小生命啊，但是，因为那一缕阳光赋予的生命力，便怀抱自信，冲破黑暗。就连野草这样卑微的生命都对自己充满了信心，我们又为什么要自卑呢？

自卑是一种因过多的自我否定而产生的自惭形秽的情绪体验，其实，在生活中，几乎每个人都有自卑感，只是程度不同而已。适度的自卑能够激励人们发奋努力，获得成功，但是，过度的自卑，则会影响一个人的心理、行为，乃至事业成就。那些对自己缺乏信心的人过度关注自己的缺陷和能力的不足，导致其心理承受能力十分脆弱，经不起较强的刺激。他们很容易对他人产生猜疑和嫉妒心理，行为总是畏首畏尾、瞻前顾后。由于自卑，或许他们本可以成为优秀人才，但是，因看不到自己的特长，不敢发挥自己的优势，最终只能碌碌无为。自卑，就好似是一个陷阱，阻碍人们继续前进。因此，丢掉自卑，让自信的阳光洒满心房吧。

有一天，一个高傲的武士，前来拜访禅宗大师。他本是一个出色且颇具威名的武士。但是，当他看到外表俊朗的大师，竟不由得自卑起来。他很不解，对大师道出了心中的疑惑：“为什么我会感到自卑？仅仅在一分钟以前，我还是信心满满的。但是，当我刚跨进你的院子，便突然变得自卑起来。以前，我从来没有过这种感觉，我曾无数次面对死亡，但从没感到恐惧，为什么现在我感觉有些惊恐了呢？”

大师对他说：“请你耐心地等一下，等这里所有的人都离开后，我会告诉你答案。”前来拜访大师的人越来越多，络绎不绝，武士焦急地等待着。到了晚上，武士急不可待地说：“现在，你可以回答我了吧。”大师说：“到外面来吧。”

院子里，明月挂在天空中，发出皎洁的光辉。大师说：“看看这些树，那棵树高入云端，而它旁边的一棵树却还不及它的一半高。但是，它们已经在这里很多年了，从来没发生什么问题。一棵这么高，一棵这么矮，为什么我却从未听到抱怨呢？”

武士领悟了，他回答说：“因为它们不会比较。”大师回答说：“那么你就不需要问我了，你已经知道答案了。”

其实，很多时候，自卑是源于人们内心的比较，越比较越觉得自己处处不如人，结果，内心就越来越自卑。但所谓“天生我材必有用”，上天从来都是公平的，它会眷顾每一个人。当它为你关上一扇门的同时总会为你打开一扇窗户，不过，如果你总是怀着自卑之心，又怎么能得到上天的眷顾呢？自信是一个人跨越成功门槛的动力，丢掉内心的自卑，提升自信，这样，你向前的脚步将会变得更加轻盈。

座右铭启示

读过《简·爱》这本书的人都会被那个自信的女孩所吸引，在书中，家财万贯、性格孤僻的庄园主罗杰斯特为什么会爱上地位低下而又其貌不扬的家庭教师呢？答案其实很简单，因为简·爱自信、自尊，富有人格的魅力。正是这种自信的气质与魅力，使她获得了罗杰斯特由衷的敬佩和深深的爱恋。有人在研究当代世界名人的成长经历之后都会发现，这些名人对自我都有一种积极的认识和评价，表现出相当的自信。坚定的自信心，不仅使人在事业上不断进取，达到既定目标，而且，能够使人在性格上重塑自我，增添人格魅力。

在自己的位置上，做好自己

生活在这个世界，许多人都会认为自己是渺小的、容易被忽视的。他们心里常常会这样想：我不过就是一个小人物，又能有多大的作为呢？在这样的心理作用下，他们变得越来越自卑，不敢相信自己，甚至，否定自己的能力与学识。其实，谁不是渺小的呢？但是，我们更应该记住，即使再渺小的人和事，它们都有着不可替代的功用。哪怕是路边不起眼的一丛小草，它们也为这个世界增添了一抹动人的绿意。或许，它们在你眼里也是极其渺小的，甚至是可以忽略不计的。但是，它们对于这个世界，依然有点缀的作用。我们对于这个世界更有着不可替代的作用。

他祖宗三代单传，爷爷和父亲都是面朝黄土背朝天的农民，他觉得自己一定要有出息。可是，成绩还不错的他在高考那年落榜了，失望的他偶然听到“自古军营多俊才”，他想：说不定自己到部队还能干出点名堂、混出个模样来。他怀揣着梦想来到了部队，做了一名普通的通信兵。刚开始的时候，他很高兴、自豪。可是，日子久了，整天不是爬杆架线就是打线结，要不就是背着线跑来跑去，他开始犹豫了，当个小卒有啥用？他开始食不甘味，什么也不想干了。

有一次，他与战友下象棋。一开局，他就开始发起了猛攻，“当头炮”、“把马跳”、“出车”、“飞相”，你来我往，各不相让。却没想到，战友将不起眼的小卒用得很好，小卒过河之后，竟撵着他的“车”“马”躲躲闪闪，最终他输在了对方的小卒上。“怎么样，小卒子挺厉害吧！”战友面带微笑地望着他。他虽然嘴上说厉害，但心里还是不服，于是他又请对方再来了一局，结果他还是输在了小卒上，这下他真的服了。

原来，那不起眼的小卒也有着不可替代的功用。

“小卒过河赛大车。”小卒，看起来不起眼，但是，它发挥出的作用却是很大的。或许，在生活中，我们只是平凡岗位上的一名“小卒”，不过，我们依然可以做出不平凡的事情来。无论从事多不起眼的工作，你都为这个社会带来了利益，那就是你不可替代的作用。

座右铭启示

所谓“小卒过河赛大车”，是说小卒过了河就有万夫不当之勇。即便是再威武的将军，最后也可能败在小卒的手下。或许，在生活中，我们就是那不起眼的小卒，可能是街边的清洁工，可能是普通的小职员，可能是一个小士兵，可能是一个普通的服务员。我们既没有显赫的身世，也没有卓越的能力，每天所做的就是安分守己，贡献自己微薄的力量。但是，别忘记了，你依然是社会中的一份子，你的工作、你的事业依然跟所有人是联系在一起的。这就像是一条链子一样，若是少了一个小小的螺丝钉，也会影响到链子本身的作用。因此，千万不要忽视自己的作用，而是要相信自己，做好自己。

没有人能够阻止你走向梦想之旅

小时候，我们都会被问到这样一个问题：“将来长大了你想成为什么样的人？”那时候，我们总是满怀希望地看着远方，似乎已经看见了我们的未来。但是，真正长大后，我们会选择忘记儿时的梦想，在成长的过程中，缺乏了自信，将梦想搁浅了。其实，阻碍我们实现梦想的最大绊脚石就是内心的自卑，我们不敢相信那些梦想会成为现实，在自卑的心理下，我们否定了自己的能力与学识，让自己成为了一个内心胆怯的人。

安妮是大学艺术团的歌剧演员，她有一个梦想：大学毕业后，先去欧洲旅游一年，然后要在纽约百老汇占有一席之地。

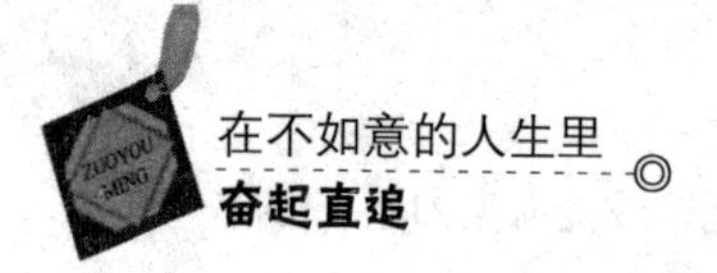

有一天，老师找到安妮说："你今天去百老汇跟毕业后去有什么差别？"她仔细一想，说："是呀，大学生活并不能帮我争取到去百老汇工作的机会。"于是，她决定一年后去百老汇闯荡。老师感到不解："你现在去跟一年以后去有什么不同？"她想了一会，对老师说："我决定下学期就出发。"老师紧紧追问："你下学期去跟今天去，有什么不一样呢？"她有点眩晕了，她决定下个月就去百老汇。老师继续追问："一个月以后去跟今天去有什么不同？"她激动不已，说："给我一个星期的时间准备一下，我就出发。"老师步步紧逼："所有的生活用品在百老汇都能买到，你一个星期以后去和今天去有什么差别？"她激动地说："好，我明天就去。"老师点点头："我已经帮你预定了明天的机票。"

第二天，她真的到了百老汇，自信满满的她由于出色的表演而得到了导演的青睐。她就这样，成为了自己所梦想的百老汇明星。

安妮实现了自己的梦想，如愿以偿成为了百老汇的一名演员。生活中的我们并不是缺少梦想，而是缺乏追逐梦想的信心和勇气。梦想需要自信，需要勇敢地拼搏，我们才能成为梦想中的那个人。如果在追逐梦想的过程中，仅仅因为内心的怯弱和自卑而选择放弃，那你永远也没有办法实现自己的梦想。我们要记住这样一句话：你，正如你所思。在这个世界上，没有人谁能够阻止你走向梦想之旅，除了你自己。

座右铭启示

如果你对自己感到失望，失去了继续生活的希望，那么，能够挽救你自己的只有一个人，那就是你自己。不要总希望上帝会来救赎你，也不要总认为自己被所有人抛弃了。其实，这个世界并没有抛弃你，除非你自己抛弃了自己。当生活遭遇了不幸，我们所能够做的就是相信自己，一步步向自己的梦想前进。你，正如你所思。

第 13 章

生活再苦，也要对自己笑一笑

著名电视节目主持人杨澜曾说："辛辛苦苦，过舒服日子；舒舒服服，过辛苦日子。"生活再苦，我们也要学会对自己笑一笑，给自己打打气，这样我们才有力气战胜困难，才有力气冲到人生的最高峰。

人生旅途中，难免有些不如意的“裂缝”

季羡林曾这样写道：“每个人都争取一个完满的人生，然而，自古及今，海内海外，一个百分之百完满的人生是没有的，不完满才是人生。”有个人非常幸运地得到了一颗美丽而硕大的珍珠，但是，他却觉得很遗憾，原来珍珠上面有个小小的斑点。他想：若除去这个斑点，它应该是多么完美啊！于是，他慢慢刮掉了珍珠的一部分表层，可是，那个斑点还在；他又狠心地刮去了一层，而那个斑点还是没有消失。于是，他就这样不断地刮下去，到最后，斑点虽然没有了，但是珍珠也没有了。从此，这个人一病不起，临终前，他遗憾地对家人说：“当时我若不去计较那个小斑点，现在我手里就会拿着那颗美丽而硕大的珍珠啊！”然而，他的醒悟太晚了，很多时候，面对生活，我们需要的是“随遇而安”的心态，因为只有不完美才是真正的人生。

挑水工有两个水罐，一个完好无缺，一个有一条裂缝。

每天早上，挑水工都拎着两个水罐去打水，但到家的时候，有裂缝的水罐里只剩下一半的水了。所以，完美的水罐常常嘲笑那个有裂缝的水罐，而有裂缝的那个水罐也因此十分自卑。

终于有一天，在挑水工打水的时候，有裂缝的水罐难过地哭了。他对挑水工呜咽道：“真对不起，因为我的裂缝，每天浪费您很多时间。”

挑水工听了说：“不，没有浪费。不信，你可以看一下回家路上的那些鲜花。”说完，挑水工又拎着水罐往回走。

果然，有裂缝的水罐发现，不知道什么时候，自己这边的小路上开满了各种鲜花，而好水罐的那边却没有。挑水工边走边说：“我在你这边的路上撒下了花种，正因为你的裂缝，才使它们每天都喝到了足够的水，开出了美丽的鲜花。若不是你，我怎么可能每天采花，装饰自己的家园呢？”有裂缝的水罐听到这儿，高兴地笑了。

真正的美就是不完美，想那个断了手臂的维纳斯，如果不是它的缺憾美，就没有那么多人驻足欣赏了。在这个世界上，凡事都有缺憾，万事万物并不存在绝对的完美。因此，即使有了命运的捉弄，我们也不必懊恼，不要心灰意冷而错过了成功的机会，留下终生之憾。智者从不完美起步，强者在不完美中超越，而只有那些愚蠢的人才会计较生活中的缺憾，因此，凡事随遇而安，不完美才是人生。

座右铭启示

林清玄说："在人生里，我们只能随遇而安，来什么，品味什么，有时候是没有能力选择的。"我们应该学会随遇而安，这样我们就能够轻松地挫败那些看似不可战胜的困难，如果自己不幸被生活中的黑暗所偷袭，那就当是一次尝试好了。毕希纳曾说："人啊，自然一点吧！你本来是用沙子和泥土制造出来的，你还想成为比灰尘、沙子和泥土更多的东西吗？"是的，学会自然一点吧，随遇而安，我们就能获得更多的幸福。随遇而安，不是一种盲目的乐观，而是一种对待生活的态度，它是一种来自心底的信念。

顺其自然，不要给自己太大的压力

每天，我们都面临着诸多压力，有可能是事业不顺而造成的工作压力，有可能是感情不顺而造成的感情压力，还有可能家庭不和谐而造成的家庭压力，对此，心理学家把这些压力都统称为"社会压力"。社会压力对于一个人来说，将直接转换成心理压力、思想负担，久而久之，就会成为心结。如果这种压力长久以来得不到有效释放，就会越积越多，并产生出巨大的负面能量，最终，它就像一座火山一样爆发出来，导致的结果是，人们的情绪大变，总感觉自己活得太累，每天都不开心，脾气越来越坏，甚至，有严重者精神崩溃，做出傻事。当然，对于外界的压力，我们需要调节，千万不要再给自己压力，这样只会是雪上加霜。

一位朋友这些天正在学习弹琴，由于基本功不太扎实，他练起琴来很费力，尽管自己付出了许多辛勤的汗水，可是，就是不见效果。

但是，他心里又极度渴望自己在琴技方面能够有所突破，于是，他每天强迫自己练琴四个小时。这样，时间长了，他变得时常焦虑，心理上把练琴当成了一种压力，他常常烦躁地问老师："我是不是练不好了""我还能行吗""怎么这么练都不见效果，我干脆还是不练习了吧""难道我就这么放弃了吗"。

老师听了，只是微微一笑："你不要自己到处惹气生，放松自己，缓解心中的压力，卸下负担，这样，心情好了，琴艺自然会有所进步。"过了不久，朋友的琴艺真的进步了，而之前弥漫在脸上的阴霾已经消失得无影无踪。

其实，对于这位朋友来说，外界并不存在太大的压力，反而是他自己给自己太大的压力。他将练琴当成了一种负担，因为负担，他就可能生活在压力、痛苦、烦躁和苦闷之中，无法真正体味到练琴的快乐。一个人若是背着负担走路，那么，再平坦的路也会让他感到身心疲惫，最终，他会因为不堪生活的压力而走向不归路。对于生活中的某些事情，不要给自己太大的压力，顺其自然，压力反而会小很多，而自己也会感到一种前所未有的轻松快乐。

吉姆是一位年轻的汽车销售经理，他的前途充满了无限希望。但是，由于吉姆本身是对自己要求很高的人，巨大的无形压力使得他感到异常绝望，他觉得自己就快要死了。甚至，他开始为自己挑选墓地，为自己的葬礼做好了一切准备工作。其实，吉姆的身体只是出了一点小问题，有时候会呼吸急促，心跳很快，喉咙梗塞，医生规劝："你只需要坦然处理生活，退出自己热爱的汽车销售行业就行了。"

在医院，医生给吉姆做了全面检查，医生告诉吉姆："你的症结是吸进了过多的氧气。"吉姆先是一愣，然后大笑了起来："那真是太愚蠢了，我怎样对付这种情况呢？"医生说："当你感觉呼吸困难、心跳加速的时候，你可以向一个袋子呼气，或者暂时屏住气息。”医生递给吉姆一个纸袋，吉姆照办了，结果，他发现自己的心跳和呼吸都变得很正常，喉咙也不再梗塞了。当他离开诊所的时候，他已经变得容光焕发，原来这一切的症结都是因为内心的焦虑和恐惧，而这些情绪反应完全是因为给自己压力太大的结果。

太大的压力常常会令人陷入长期的焦虑和恐惧中，这样一种消极心理会加重人们的焦虑感和恐惧感，有严重者，还会导致身体出现疾病。心理学家认为：适当的压力有助于我们激发更强的斗志，但是，正如任何事情都有一定的度，压力过大就会影响到正常的情绪。所以，在生活中，我们要给自己适当的压力，只要不是太糟糕的事情，我们应该学会忘记，这样一来，那些琐碎的小事就影响不到我们了。

座右铭启示

生活中，无论是生存压力，还是工作压力，对一个人的心态都是有着重要影响的，一旦压力来袭，情绪就会恶劣，容易生气、烦躁，似乎看什么事情都不顺眼，内心的情绪积压过久，总想痛快地发泄一番。因此，那些给自己压力越多的人，体会到的快乐越少。

你应庆幸自己是世上独一无二的

生活中，我们都听过“让兔子去跑步，让鸭子去游泳”的说法。显而易见，每个人都是有自己优势的，而更重要的一点是每个人都只有从自己的优势出发才能获得成功。成功心理学家马丁·塞利格曼在成功心理的研究中得出这样一个结论：“成就和幸福的核心在于发挥你的优势，而不是纠正你的弱点，第一步就是识别你的优势。”一个人若是要想主宰心的航向，就应该全面认识自己，既需要正视自身的缺点，又需要把握好自己

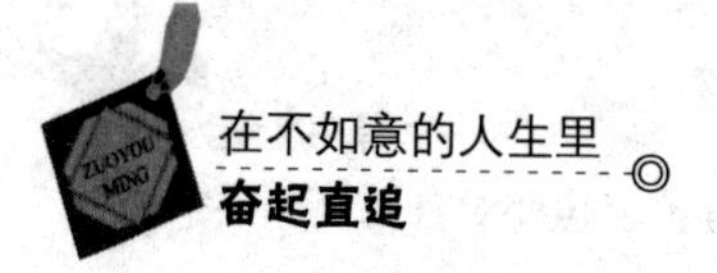

的优势。一旦你没有能够清楚地认识自己，将会导致内心自负或自卑等心理，而这些负面心理将会影响你一生的发展。

事实上，生活中的每个人都是有缺点的，在这个世界上，并不存在十全十美的人。但是，某些人对于自己的缺点却总是想办法遮掩，害怕别人笑话。殊不知，这样做的后果反而会使人感到其虚伪、不真实，假意做作的行为会令所有的人远离你。能主宰内心航向的人，他们总是能够坦然面对自己的缺点，不去掩饰，而是挑战自我，正视自己的缺点，从而赢得了人们的尊敬。

琳达是一位电车车长的女儿，她从小就喜欢唱歌和表演，她梦想着自己能够成为一名当红的好莱坞明星。然而，琳达长得并不算漂亮，她的嘴看起来很大，而且还有讨厌的龅牙。每次公开演唱，她都试图把上嘴唇拉下来盖住自己的牙齿。

有一次，她在新泽西州的一家夜总会演出，为了表演得更加完美，她在唱歌时努力拉下自己的上嘴唇来盖住那讨厌的龅牙，但是，结果却令自己出尽洋相，这真是一次失败的演出。琳达看起来伤心极了，她觉得自己注定了命运的失败，她真的打算放弃自己当初的梦想。

但是，正在这时，同在夜总会听歌的一位客人却认为琳达很有天分，他告诉琳达："我跟你说，我一直在看你的演唱，我知道你想掩盖的是什么，你觉得你的牙齿长得很难看。"琳达低下了头，觉得无地自容，可是，那个人继续说道："难道说长了龅牙就是罪大恶极吗？不要想去掩盖，张开你的嘴巴，观众看到你自己都不在乎，他们就会喜欢你的。再说，那些你想掩盖住的牙齿，说不定能给你带来好运呢。"琳达接受了客人的建议，努力让自己不再去注意牙齿。从那时候开始，琳达只要为台下的观众表演，她就张开嘴巴，热情地歌唱，最终她实现了梦想，成为了好莱坞当红的明星。

赛德兹说："你应庆幸自己是世上独一无二的，应该将自己的禀赋发挥出来。"歌星琳达的成功在于她能够正视自己的缺陷，而把握住自己的优势。无论是龅牙，还是别的遗憾，它们一样是生命的重要组成部分，我们所需要做的就是正视自己的缺点，欣赏这如此真切的美丽。

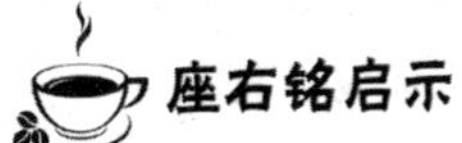

每个人都想成为高大的树木，渴望矗立在高处俯瞰这个世界，但是，命运的捉弄往往使我们成为一丛丛小草。或许，在许多人看来，小草该是多么卑贱，多么渺小，但是，即使是如此渺小的东西，它也能为世间带来最美丽的绿色。

所谓的成功并不是轰轰烈烈的事业或出人头地的名位，而是我们能够把握好自己的优势，能“人尽其才”，这才是作为一个人的最大成功。我们不仅需要坦然接纳自己的缺点，更需要把握自己的优势，努力做到“不因缺点而自卑，不因平凡而遗憾”，从而主宰好心的航向。

停止抱怨，让内心布满阳光

英国著名作家奥利弗·哥尔德斯密斯曾说：“与抱怨的嘴唇相比，你的行动是一位更好的布道师。”面对生活里的一丁点不如意，人们最普遍的习惯是埋怨，不停地埋怨，埋怨父母不理解，埋怨社会太现实，埋怨朋友的欺骗，埋怨上天的不公，于是，埋怨成为了 种习惯。然而，那些不如意的事情、悬而未决的事情并没有得到真正的解决，自己的情绪反而陷入了恶性循环，结果，心中的怨气反而会阻碍到前进的脚步。成功只会垂青那些积极主动的强者，只要你敢于担当，勇于接受来自生活的挑战，那么，任何艰难险阻都会变成坦途。真正的强者，从来不埋怨，他们总是会把那些消极的想法从内心中扫除殆尽，让自己的内心充满阳光、充满希望。

从前，有一个年轻的农夫，他平日的工作就是划着小船，给另外一个村子的居民运送自家的农产品。那会儿正值天气炎热，酷暑难耐的季节，年轻的农夫汗流浃背，感到苦不堪言。为了尽快完成工作，农夫心急火燎地划着小船，以便在天黑之前能返回家中。突然，他发现，在前面有一只小船，沿河而下，迎面朝自己快速驶来，眼看着这两只船就要撞上了，但是，那只小船却丝毫没有避让的意思，似乎是有意撞翻自己的小船。年轻农夫心中顿时有了火气，大声对那只船吼道："让开，快点让开！你这个白痴！再不让开，你就要撞上我了！"但是，农夫的吼叫却完全不管用，那只船还是义无反顾地向自己驶来，尽管农夫手忙脚乱地为其让开水道，但为时已晚，那只小船还是重重地撞上了自己。年轻的农夫被激怒了，他怒视对面的那只小船，但是，令他吃惊的是，那只小船上空无一人，而被自己大呼小叫地责骂的只是那只挣脱了绳索、顺河漂流的空船。

原来，再多的责骂、埋怨，也不能改变事情的发展方向，反而会阻碍你前进的路途。有人说埋怨是一种宣泄，一种心理平衡，似乎埋怨可以将那些不如意的事情发泄出来。每天，我们都可能会面对许多不如意的事情，如果只是一时地埋怨，这还可以接受，但是，有时候，埋怨久了就会形成习惯，而埋怨的根源是对现实的不满意。

座右铭启示

一个人来到这个世界上，面对生活中的诸多不如意，我们只有两个选择，要么接受，要么改变。抱怨成为了接受事实的一个阻碍，我们总是想到：这件事对我是不公平的，这样的事情怎么会发生在我的身上呢？我怎么能接受这样的事情呢？所以，一种强烈的倾诉欲望开始萌发，我要去对别人诉说，以此证明我的无辜和委屈，于是，在我们埋怨不公的时候，我们已经失去了去改变这件事情的机会。那么，当我们无休止埋怨的时候，有没有想过比埋怨更好的解决方法呢？

满怀希望，人生就不会绝望

魏尔仑说："希望犹如日光，两者皆以光明取胜。前者是荒芜之心的神圣美梦，后者使泥水浮现耀眼的金光。”要知道，每一个明天都是希望，无论自己身陷怎么样的逆境，都不应该感到绝望，因为我们还有许多个明天。只要未来有希望，人的意志就不容易被摧垮，前途比现实重要，希望比现在重要，人生不能没有希望。只要你保存希望，你就永远不会有绝望。生活中，每个人在某个时刻都会面临绝境，但它往往并不是真正的生命绝境，而是一种精神和信念的绝境。只要你的精神不倒，保存希望，即使在绝境中，也能寻找到希望之花。

1832年，毕业于哈佛大学的亚伯拉罕·林肯失业了，这令他感到很难过，他下定决心要成为政治家，去当一名州议员。但是，糟糕的是，他在竞选中失败了，在短短的一年里，林肯遭受了两次打击，对他而言无疑是痛苦的。接着，林肯开始自己创业，当即开办了一家企业，可是还不到一年，这家企业倒闭了，在这之后的17年里，林肯都在为偿还企业欠下的债务而奔波劳累。不久之后，林肯又一次参加竞选州议员，这次他成功了，在林肯内心深处有了一线希望，他认为自己的生活有了转机，心想：“可能我就可以成功了。”

然而，人生的逆境好像永远没有结束的那一天。1835年，亚伯拉罕·林肯与漂亮的未婚妻订婚了，但离结婚的日子还差几个月的时候，未婚妻却不幸去世，林肯心力交瘁，几个月卧床不起，没过多久，他就患上了精神衰弱症。1838年，林肯觉得自己身体好了些，他决定竞选州议会议长，但是，在这次竞选中他又失败了。再接再厉的精神鼓舞着林肯，1843年，林肯参加竞选美国国会议员，这次他所面临的依旧是失败。但是，林肯却一直没有放弃，他并没有说：“要是失败会怎样？”1846年，林肯参加竞选国会议员，这次他终于当选了，但两年任期过去，林肯面临着又一次落选。不过，林肯并没有服输，1854年，他竞选参议员，但失败了，两年之后他竞选美国副总统提名，但是却被对手打败，两年之后他再一次参加竞选，但还是失败了。无数的失败并没有让林肯放弃自己的追求，1860年，亚伯拉罕·林肯当选为美国总统。

回看林肯的一生，似乎是全是在逆境的挣扎，但是，在任何时候，林肯都没有放弃过，他始终怀抱着必胜的希望。虽然，与逆境相抗争的过程给我们带来了压力和痛苦，但是，这些难忘的经历却有可能让我们赢得成功。

有一个穷人为农场主做事。有一次，穷人在擦桌子时不小心碰碎了农场主一只十分珍贵的花瓶。农场主向穷人索赔，穷人哪里能赔得起。最后被逼无奈，只好去教堂向神父讨主意。神父说："听说有一种能将破碎的花瓶粘起来的技术，你不如去学这种技术，只要将农场主的花瓶粘得完好如初，不就可以了。"

穷人听了直摇头，说："哪里会有这样神奇的技术？将一个破花瓶粘得完好如初，这是不可能的。"神父说："这样吧，教堂后面有个石壁，上帝就待在那里，只要你对着石壁大声说话，上帝就会答应你的。"

于是，穷人来到石壁前，对石壁说："上帝请您帮助我，只要您帮助我，我相信我能将花瓶粘好。"话音刚落，上帝就回答了他："能将花瓶粘好，能将花瓶粘好……"

穷人听后希望倍增、信心百倍，于是辞别神父，去学粘花瓶的技术去了。一年以后，这个穷人终于掌握了将破花瓶粘得天衣无缝的本领。他真的将那只破花瓶粘得像没破碎时一般，还给了农场主。

难道真的是上帝回答了他吗？其实，他要感谢的是他自己，那块石壁只不过是一块回音壁，他所听到的上帝的回答，其实就是他自己的声音。只要心中的信念在，希望就在。许多人陷入了逆境，总是悲观绝望，给自己增加很大的压力。事实上，逆境是另一种希望的开始，它往往预示着美好的明天。你只需要告诉自己：希望是无处不在的。那么，再大的困难也会变得渺小，再糟糕的处境也会有所好转。

座右铭启示

在人生的道路上，挫折和逆境都是在所难免的，而那些磕磕绊绊、坎坎坷坷也是我们无法预料的，但是，有件事我们一定要牢牢记住：怀抱希望，永不绝望。在遭遇逆境的时候，不要为此沮丧忧虑，不管发生了什么事情，无论自己的处境多么糟糕，都不要沉溺在绝望中无法自拔，千万不要让痛苦占据你的心灵。心怀希望，当困难来临的时候，我们才有勇气直面困难、打倒困难，并以顽强的意志战胜困难。亚伯拉罕·林肯在一次竞选参议员失败后这样说道：“此路艰辛而泥泞，我一只脚滑了一下，另一只脚也因而站不稳；但我缓口气，告诉自己‘这不过是滑一跤，并不是死去而爬不起来’。”因为他怀抱着必胜的希望，所以，他的人生从来没有绝望过。

用积极心态战胜不幸

有人说：“处于不幸中，垂头丧气显然于事无补，我们要做的，除了坦然面对之外，能改变的，只有自己的心。”当生活的不幸来临的时候，积极的心态是一个人战胜一切艰难困苦，走向成功的助推器。内心不败，人就不会败。积极的心态，能激发人们自身的所有聪明才智，而消极的心态，就好似缠住昆虫的翅膀的蜘蛛网，不断地束缚人们才华的施展。在不幸面前，有的人越过越好，而有的人却从此一蹶不振，其实，这两者的区别在于心态的差异：前者所拥有的是积极的心态，而后者却总是呈现出消极心态。当然，心态是个人的选择，有积极心态的人往往会处于不败之中，一个人若是有了积极乐观的心态，那么，战胜不幸对于他来说就很容易了。

鲍勃和艾克是两位住在乡下的陶瓷艺人，听说城里人喜欢用陶罐，他们便决定将自己烧制的最好的陶罐卖到城里去。经过十多年的反复试验，他们终于烧制出了他们认为最好的陶罐。当他们幻想着，整个城市的人马上就能用上他们的陶罐，而他们也能因此过上富裕的生活时，他们便兴奋不已，于是他们雇了一艘轮船，准备将所有陶罐都运到城里去。

不幸的是，轮船中途遇到了强烈的风暴，等风暴过后，轮船靠岸，陶罐却全部成了碎片，他们的富翁梦也破碎了。鲍勃提议，先去酒店住上一晚，来一趟城里不容易，不如休息一晚后，明天再在城里四处走走，好好见识见识。而艾克则捶胸顿足地痛哭了一番后，问鲍勃：“你还有心思去

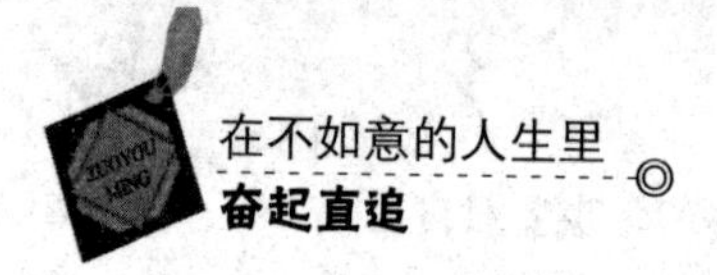

城里四处走走，难道你就不心疼我们辛辛苦苦烧出来的那些陶罐？”鲍勃心平气和地说：“我们失去了那些陶罐，本来就够不幸的了，现在，如果我们还因此而不快乐，那不是更加不幸？”

艾克觉得鲍勃的话有道理，于是跟着鲍勃去城里好好地玩了几天。他们意外地发现，城里人用来装饰墙面的东西很像他们烧制陶罐的材料。于是，他们索性将那些陶罐的碎片全部砸碎，做成马赛克出售给城里的建筑工地。结果鲍勃和艾克不但没有因为陶罐的破碎而亏本，反而因为出售马赛克而大赚了一笔。

积极的心态能使人看到希望，保持进取的旺盛斗志。消极心态使人沮丧、失望，因而限制和扼杀自己的潜能。积极的心态创造人生，消极的心态消耗人生。

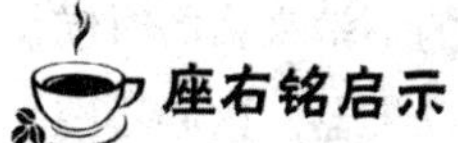

座右铭启示

“牛仔大王”李维斯的西部发迹史充满坎坷，充满传奇。他的制胜“法宝”是：每当受到挫折，遭受打击时，绝不抱怨，并且非常兴奋地对自己说：“太棒了！这样的事竟然发生在我的身上，又给了我一次成长的机会。”对于我们每个人来说，生活和事业不可能一帆风顺，常常会遇到各种困难和挫折，我们必须永远怀有事情还会有转机的乐观心态，才能战胜逆境获得成功。

参考文献

［1］刘宏武，王奕涵.给孩子一生受用的座右铭［M］. 北京：九州出版社，2011.

［2］伍玉成.让孩子一生受益的格言故事［M］. 桂林：广西师范大学出版社，2010.

［3］李杰.影响孩子一生的经典名人名言［M］. 哈尔滨：哈尔滨出版社，2004.